国家内河航道整治工程技术研究中心系列成果

本书由"十二五"国家科技支撑计划课题"三峡水库常年回水区航运工程建设关键技术研究"（2011BAB09B01）资助出版

深水码头大直径钢护筒嵌岩桩承载性状研究

王俊杰　刘明维　梁　越　著

科学出版社

北　京

内 容 简 介

钢护筒嵌岩桩已成为内河深水码头的主要基础型式之一。现有的设计理论中，钢护筒嵌岩桩仍按普通嵌岩桩考虑，即不考虑钢护筒的作用。事实上，由于钢护筒参与受力，使得钢护筒嵌岩桩的荷载传递机理和工作性状与普通嵌岩桩存在较大区别。本书通过大量试验研究和理论分析，在揭示钢护筒嵌岩桩的荷载传递机理基础上，查明其承载性状，进一步建立了其设计计算方法。

全书共7章，分别为绪论、国内外研究现状、钢护筒-混凝土界面剪切特性研究、钢护筒-地基土体界面力学特性研究、单桩模型试验、双桩模型试验、深水码头钢护筒嵌岩桩承载性状数值模拟。

本书适合水利工程领域研究人员、工程设计人员、研究生阅读。

图书在版编目(CIP)数据

深水码头大直径钢护筒嵌岩桩承载性状研究 / 王俊杰，刘明维，梁越著. —北京：科学出版社，2015.6
ISBN 978-7-03-045127-9

Ⅰ.①深… Ⅱ.①王… ②刘… ③梁… Ⅲ.①深水码头-嵌岩灌注桩-桩承载力-研究 Ⅳ.①TU473.1

中国版本图书馆 CIP 数据核字 (2015) 第 133791 号

责任编辑：杨 岭 朱小刚 / 责任校对：葛茂香
责任印制：余少力 / 封面设计：墨创文化

科 学 出 版 社 出版
北京东黄城根北街16号
邮政编码：100717
http://www.sciencep.com

四川煤田地质制图印刷厂印刷
科学出版社发行 各地新华书店经销
*
2015 年 6 月第 一 版 开本：787×1092 1/16
2015 年 6 月第一次印刷 印张：12 3/8 插页：12 面
字数：300 千字
定价：75.00 元

前　　言

长江黄金水道货运量位居全球内河第一，发展内河航运对国家经济社会发展具有重大战略意义。国务院出台了一系列加快长江航运建设的意见，提出要建设长江经济带和全流域的黄金水道。建设现代化港口码头是保障内河航运发展的关键。三峡工程的建成与蓄水极大地改善了长江上游尤其是三峡库区的通航条件，然而，三峡蓄水后，过去一贯可资利用的码头建设施工枯水期再也不会出现，面临的是长时间的深水期（6个月以上）和水位陡涨陡落的洪水期（水位差超过30m），加之复杂的库岸地质条件，使传统码头形式难以满足现代航运发展的要求。复杂的水文地质条件催生了直立式深水框架码头这一新形式，并在重庆港寸滩码头、果园码头、纳溪沟码头等建设中得到成功的应用。大直径钢护筒嵌岩桩是直立式框架码头的基础形式，由桩芯钢筋混凝土及外衬钢护筒组成，桩芯混凝土与钢护筒共同承载。如何确定复杂水文地质条件下大直径钢护筒嵌岩桩的承载性状是码头设计中面临的首要问题。

在"十二五"国家科技支撑计划课题"三峡水库常年回水区航运工程建设关键技术研究"（2011BAB09B01）的支持下，本书作者对直立式深水框架码头钢护筒嵌岩桩的承载规律进行了大量研究。采用模型试验、数值模拟及理论分析相结合的方法，深入探讨了大直径钢护筒嵌岩桩承载过程中的荷载传递规律、极限承载能力与破坏模式。本书分析了桩基承载性状的影响因素，探索了钢－混凝土、钢－土界面接触规律对桩基荷载传递规律的影响，建立了钢护筒嵌岩桩承载数值模型，揭示了桩基承载机理，提出了桩基承载能力计算方法；在国内外规范的基础上，建立了直立式深水框架码头钢护筒嵌岩桩的设计方法。

本书共分7章，由重庆交通大学王俊杰教授、刘明维教授和梁越副教授共同撰写，全书由王俊杰教授统稿。重庆交通大学王多银教授、周世良教授、张小龙博士、赵迪博士、马伟硕士、潘琦硕士、高俊升硕士、贾理硕士、尹文硕士、卢孝志硕士、李鹏飞硕士、陶晶晶硕士、吴洋硕士、伍应华硕士及其他研究生参加了相关的科研工作，邱珍锋博士、程玉竹硕士和储昊硕士等做了大量的修订工作，在此一并表示感谢！

由于作者水平有限，书中不足和疏漏之处在所难免，敬请读者批评指正。

目　　录

第1章 绪 论

1.1 长江上游码头建设常用基础型式

长江上游河段属于典型的山区河流。天然河段具有坡陡流急、水位变幅大，地形、地质条件复杂等特点。渠化河段通航条件大为改善，但仍然存在大水深(大于20m)、年复出现大水位差(大于20m)和大流速(大于3m/s)的复杂水文条件，以及地质灾害频繁等问题[1]。目前，长江上游(包括三峡库区)码头建设中常用的结构主要包括斜坡码头、架空直立式码头、桥吊码头、框架墩式码头、分级下河公路等型式[2,3]。码头基础型式主要包括大直径嵌岩桩基础、大直径钢护筒嵌岩桩基础、嵌岩条形基础、非嵌岩条形扩大基础和低桩承台基础。

1.1.1 大直径嵌岩桩基础

大直径嵌岩钢筋混凝土灌注桩(简称大直径嵌岩桩)是指在工程现场通过机械钻孔等手段在地基中形成桩孔，在其内放置钢筋笼并灌注混凝土而成的，桩径大于0.8m的桩。大直径嵌岩桩具有单桩承载能力大、沉降小、抗震性能好、群桩效应小的优点[4,5]，已成为库区岩石地基上架空斜坡码头、架空直立式码头、桥吊码头、墩式码头的主要基础型式，如图1.1~图1.4所示。

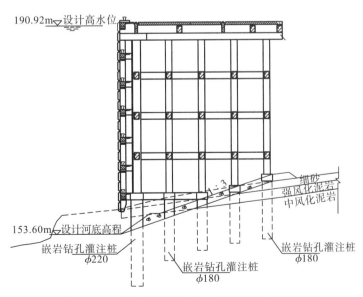

图 1.1 某架空直立式码头结构及其大直径嵌岩桩基础(单位：cm)

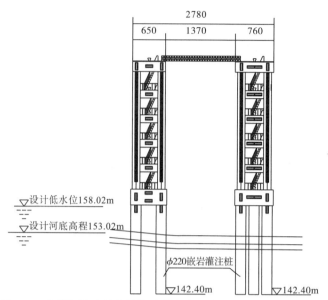

图 1.2　某框架墩式码头结构及其大直径嵌岩桩基础(单位：cm)

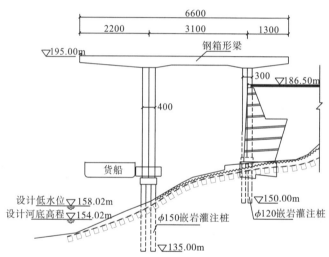

图 1.3　某桥吊码头及其大直径嵌岩桩基础(单位：cm)

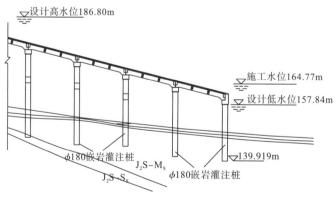

图 1.4　某架空斜坡码头及其大直径嵌岩桩基础(单位：cm)

大直径嵌岩桩基础需要进行现场钻孔和成桩，施工受水位影响较大，施工水位低，一般需要利用枯水期抢工完成。三峡工程蓄水至 175m 高程后，大型码头采用大直径嵌岩桩基础明显受到深水条件的影响。

1.1.2　大直径钢护筒嵌岩桩基础

大直径钢护筒嵌岩钢筋混凝土灌注桩(简称大直径钢护筒嵌岩桩)是在覆盖层较浅的深水码头和跨江桥梁建设中经常采用的深基础型式[6]。在桩基施工前，在水上搭设钢平台，在钢平台上安装施工机械，施工时先打入钢护筒形成围堰，再在筒内进行钻孔、下钢筋笼、灌注混凝土，形成钢护筒和钢筋混凝土的组合桩基，桩径大于 0.8m。钢护筒是作为施工措施，钢筋混凝土是主要受力构件。内河深水码头大直径钢护筒嵌岩桩基础中钢护筒作为施工措施，施工完毕后一般不会拆卸，使用中钢护筒和桩芯混凝土具有明显的共同受力性质[7]。大直径钢护筒嵌岩桩能满足深水码头建设需要，已在长江上游深水码头建设中推广使用(图 1.5)，但其造价高，钢护筒和桩身混凝土界面受力复杂。

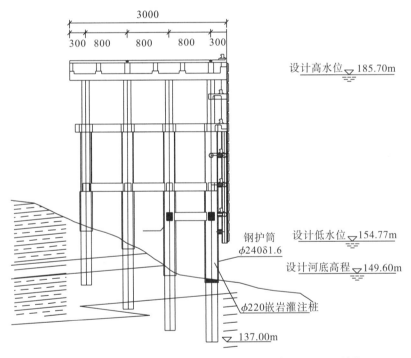

图 1.5　某架空直立式码头结构及其大直径钢护筒嵌岩桩基础(单位：cm)

1.1.3　嵌岩条形基础

在散货、中小型件杂货及滚装码头中采用分级直立式码头型式较多，直立岸壁一般采用挡墙型式。当挡墙高度大于 8m 时，挡墙基础通常采用嵌岩条形基础。基础为现浇混凝土或浆砌条石，基础进入中风化岩层一定深度(砂岩 0.6~1.0m，中风化泥岩 1.0~1.5m)，如图 1.6 所示的下挡墙基础。嵌岩条形基础对地质条件要求高，对墙后荷载不如桩基结构敏感，能承受较大的地面荷载和船舶荷载，对于较大的集中荷载以及码头地面超载和装卸工艺的变化适应性较强，施工比较简单，维修费用少[8]。

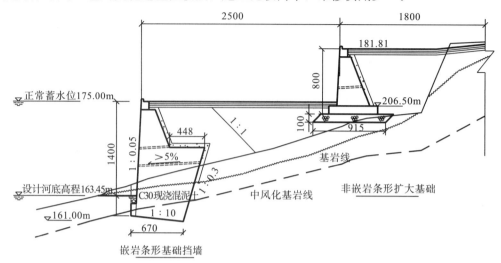

图 1.6　某码头挡墙及其嵌岩条形基础（下挡墙基础）和非嵌岩条形扩大基础（上挡墙基础）（单位：cm）

1.1.4　非嵌岩条形扩大基础

当地基覆盖层较厚，或在回填土上建设码头挡墙时，如果挡墙高度不大（一般在不大于 8m），可以采用条形扩大基础。为了增大地基承载力，基础下一般设抛石基床，如图 1.6 所示的上挡墙基础。

非嵌岩条形扩大基础的特点与嵌岩条形基础较为类似，但由于覆盖层或回填土的承载能力有限，故仅限于在墙高不大的码头中采用。

1.1.5　低桩承台基础

当地基覆盖层较厚、采用扩大基础不能满足承载力要求，或者码头在易滑地带建设时，为实现码头功能并确保码头与岸坡整体稳定，可以采用低桩承台基础型式[9]，如图 1.7 所示。

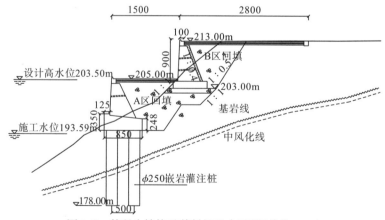

图 1.7　某码头结构及其低桩承台基础（单位：cm）

　　低桩承台基础的承台与桩基共同受力，既可以作为上部挡墙的基础，又对岸坡的稳定很有利。但是，低桩承台基础往往造价较高，施工有一定难度，且受水位的影响较大。

　　基于三峡库区沿岸主要港口码头调查，表 1.1 汇总了主要的码头基础型式。

表 1.1　三峡库区部分码头基础型式汇总表

序号	结构型式	码头名称	基础型式	泊位数
1	斜坡码头	九龙坡码头	大直径嵌岩桩、嵌岩条形基础	6
2		猫儿沱码头	大直径嵌岩桩、嵌岩条形基础	3
3		茄子溪码头	大直径嵌岩桩、嵌岩条形基础	4
4		朝天门码头	大直径嵌岩桩、嵌岩条形基础	3
5		果园码头一期	大直径嵌岩桩	2
6		东港一期码头	大直径嵌岩桩	2
7		重钢长寿码头	大直径嵌岩桩、嵌岩条形基础	5
8		红溪沟码头	大直径嵌岩桩、嵌岩条形基础	3
9	分级直立式码头	江津米邦沱码头	嵌岩条形基础	1
10		江津珞璜水泥厂码头	嵌岩条形基础	1
11		万州青草背一期码头	嵌岩条形基础	2
12		忠县复建码头	嵌岩条形基础	1
13	直立式码头	寸滩一期集装箱码头	大直径嵌岩桩	2
14		寸滩二期集装箱码头	大直径嵌岩桩	3
15		寸滩三期集装箱码头	大直径嵌岩桩	4
16		果园二期集装箱码头	大直径钢护筒嵌岩桩	5
17		果园二期及二期扩建集装箱码头	大直径钢护筒嵌岩桩	10
18		涪陵黄旗集装箱码头	大直径嵌岩桩	1
19		万州江南沱口	大直径嵌岩桩	2
20		公运公司纳溪沟码头	大直径嵌岩桩	2
21		江津东阳光公司码头	大直径嵌岩桩	2
22	桥吊码头	重钢新港码头	大直径嵌岩桩	2
23	框架墩式码头	万州鄂渝钢铁码头	大直径嵌岩桩	2
24		维扬公司纳溪沟码头	大直径嵌岩桩	2
25		九龙坡大件码头锚地泊位	大直径嵌岩桩	1
26		重钢大宝坡矿石码头	大直径嵌岩桩	1
27	其他型式码头	各个港区的下河公路码头	嵌岩条形基础、非嵌岩条形扩大基础、低桩承台基础	—

1.2 大直径钢护筒嵌岩桩应用概况及存在问题分析

长江上游(包括三峡库区)码头建设中,在工程规模小、水深及水下工程量不大、地质条件较好、基础施工可进行围堰施工的情况下,码头基础可以采用大直径嵌岩桩基础、嵌岩条形基础、非嵌岩条形扩大基础或低桩承台基础等型式。对于库区大型深水码头,存在深水、大水位差的水文条件及薄覆盖层、裸岩、岩面起伏大的特殊地形地质条件,而采用大直径钢护筒嵌岩桩能够解决水下桩基础施工问题,因此,大直径钢护筒嵌岩桩基础在深水码头建设中的应用越来越广。目前,该型式已在重庆果园二期及二期扩建工程、万州新田港等内河码头工程,以及上海洋山港、浙江舟山港、浙江千岛湖大桥等大型码头和桥梁建设中获得应用。但是,大直径钢护筒嵌岩桩基础在设计、施工及使用中存在如下亟须解决的问题:

(1)大直径钢护筒嵌岩桩的理论研究成果较少,受力理论认识不清。目前,大直径钢护筒嵌岩桩采用的计算方法主要是通过钢管混凝土的套箍指标将钢管强度折算为混凝土强度来考虑其共同受力[10],或者只考虑钢筋混凝土桩的单独受力,仅仅将钢护筒当作施工过程中的一道工艺,并不考虑钢护筒参与桩身受力。由于目前对钢-混凝土组合变截面桩的施工要求不完善,钢护筒段的桩基施工质量得不到保证,《港口工程桩基规范(JTS 167-4—2012)》中也未对钢护筒嵌岩桩作出具体规定,这种处理方式可能造成工程造价增大或存在安全隐患,因此亟须系统开展大直径钢护筒嵌岩桩承载性能研究。

(2)大直径钢护筒嵌岩桩施工工艺复杂,成本高,在一般中、小码头中的应用存在难度。由于大直径钢护筒嵌岩桩施工往往优先采用水上平台,必须考虑能承受大吨位钢护筒下放,钻孔机械施工及流速等荷载,还应满足冲刷要求;同时平台由辅助部分和钻孔平台两部分构成,结构较为复杂。因此,水上平台施工技术往往造价较高,施工难度大,亟须研究更为经济合理的施工技术。

(3)大直径钢护筒嵌岩桩基础在使用阶段的防腐蚀要求不容易保证,影响结构的耐久性。涂装防锈漆是内河港工和桥梁结构防腐体系中的首选方式。根据工程实践经验,目前的防锈漆能在5年左右有效保证防腐蚀效果。由于三峡库区水流速度大,江水挟沙,对大直径钢护筒嵌岩桩表面的防锈漆有很大的冲刷作用,缩短了防腐体系的防护年限,如不妥善处理将造成钢护筒锈蚀,桩基承载能力降低的严重后果[11,12]。因此,开展大直径钢护筒嵌岩桩基础防腐技术研究也十分必要。

1.3 深水码头大直径钢护筒嵌岩桩承载性状研究意义

大直径钢护筒嵌岩桩是在覆盖层较浅的深水码头和跨江桥梁建设中经常采用的深基础型式。近年来,随着我国深水码头、高速公路、高速铁路等基础设施建设速度加快,大直径钢护筒嵌岩桩的应用越来越广泛[13]。大直径钢护筒嵌岩桩主要由两部分组成:一是进入岩层较浅的钢护筒;二是钢护筒内嵌入中风化岩层一定深度的钢筋混凝土[14]。在施工过程中往往以钢护筒的型式作为施工措施,在使用过程中钢护筒和桩芯钢筋混凝土具有明显的共同受力性质[15]。码头下部结构的两层钢纵横联系梁及钢靠船构件都焊接在钢护筒上,船舶撞击力等水平荷载通过钢护筒传递给整个桩基。

大直径钢护筒嵌岩桩虽然具有传统钢筋混凝土嵌岩桩和钢管混凝土桩(柱)的部分特性,但仍有其突出的特点。与传统钢筋混凝土嵌岩桩相比,由于桩芯混凝土浇筑于钢护筒中,钢护筒与桩芯混凝土具有共同受力特性。而与钢管混凝土桩(柱)相比,有以下三点不同:

(1)受荷性质不同。钢管混凝土桩(柱)主要承担轴向荷载,而深水码头大直径钢护筒嵌岩桩除承受竖向荷载外,还受到船舶撞击力、系缆力等水平循环荷载作用,且横向承载性能研究更为重要[14]。

(2)联合受力机理不同。钢管混凝土桩(柱)主要利用轴向受压时钢管对核心混凝土的紧箍作用,使管内混凝土处于三向受压状态而提高其抗压强度。而大直径钢护筒嵌岩桩由于直径大(通常 1.0~1.5m),钢护筒与钢筋混凝土进入基岩深度不同,钢护筒对混凝土的约束效应有限且无法保证两者协调工作,导致钢护筒与桩芯混凝土联合受力性能低于钢管混凝土桩(柱)。

(3)传力途径不同。钢管混凝土桩(柱)主要以轴向力的方式将上部荷载传递到基础或地基中,传递途径为上部荷载→钢管混凝土桩(柱)→地基(或基础)。大直径钢护筒嵌岩桩轴向承载与钢管混凝土桩(柱)类似,但承受船舶荷载(水平力)时的传力途径为船舶荷载→靠船构件→钢护筒→钢-混凝土界面→桩芯混凝土→地基。码头下部水平受力结构与钢护筒间通过焊接的纵横连系梁连接,水平力通过纵横联系梁传给钢护筒,再由钢-混凝土界面传递给桩芯混凝土,而并非直接作用于桩芯上。

复杂的结构受力特点使得大直径钢护筒嵌岩桩的设计计算面临很大困难。虽然国内外学者普遍认同钢管与桩芯混凝土具有共同受力的观点,但目前采用的计算方法主要是通过钢管混凝土的套箍指标将钢管强度折算为混凝土强度来考虑其共同受力,或者只考虑钢筋混凝土的单独受力。对大直径钢护筒嵌岩桩受力性质、变形特性认识不清,提出的设计方法存在局限,造成工程造价增大或存在安全隐患。

1.4　本书主要研究内容

为了查明大直径钢护筒嵌岩桩的承载性状,进一步完善大直径钢护筒嵌岩桩基设计理论,本书通过系统研究,查明钢护筒-桩芯混凝土界面及钢护筒-地基土界面的强度特性,揭示大直径钢护筒嵌岩桩受力机理及变形特性,提出适于工程应用的承载力及变形计算方法。主要研究内容包括:

(1)钢护筒-桩芯混凝土界面特性研究。

(2)钢护筒-地基土界面特性研究。

(3)钢护筒嵌岩单桩模型试验研究。

(4)钢护筒嵌岩双桩模型试验研究。

(5)钢护筒嵌岩桩基数值模拟方法。

(6)钢护筒嵌岩桩基设计技术研究。

第2章 国内外研究现状

大直径钢护筒嵌岩桩在港口工程、桥梁工程中应用广泛，但相关的研究成果不多，理论研究明显滞后于工程应用。目前，国内外学者对传统钢筋混凝土嵌岩桩以及钢管混凝土桩（柱）等桩基型式研究较多，成果较为丰富，可为大直径钢护筒嵌岩桩的研究提供参考。本书主要涉及大直径钢护筒嵌岩桩的竖向承载特性、水平承载特性、钢管－混凝土界面特性、嵌岩桩承载力计算方法等研究内容，下面分别论述相关研究现状及发展动态。

2.1 大直径钢护筒嵌岩桩承载特性

直接针对钢护筒嵌岩桩开展的研究较少，相关文献往往从实用的角度提出处理措施。国外的研究者注意到海洋环境下的带钢护筒基桩施工的特殊性，进行了桩头的接头试验及耐腐蚀环境的复合桩试验和理论研究[16,17]。美国公路桥梁设计规范认为，永久钢护筒的壁厚大于3mm时，就可以认为它参与受力[18]。日本大芝大桥则首次明确采用混合桩概念，采用带凸缘的线形钢管，使钢管本身与填充的钢筋混凝土达到整体受力作用[19]。国内的研究者也注意到钢护筒对桩体强度提高的影响[20,21]，并认为在水平荷载产生的弯矩分配中不能忽略，但对钢护筒效应考虑与否，对桩体水平荷载下桩体位移的影响，以及与普通钢管桩相比其共同作用程度，均缺少量化分析。

随着跨海、跨江大桥的建设，桥梁钻孔灌注桩基础应用越来越普遍，在深水中施工的大直径钻孔灌注桩，需预先打设钢护筒形成围堰[22]。钢护筒外径一般比设计桩径大0.2~0.4m，钢护筒长度一般为桩长的40%左右。成桩之后，因其拆除困难都被保留下来，成为永久桩体结构的一部分。桩体事实上形成了"上大下小"的变截面大直径混合桩：上部为类似钢管混凝土柱、下部为钢筋混凝土桩的混合桩身；在钢护筒范围内，由于钢护筒的环箍效应，在承受水平荷载时，该段桩体将呈现出钢管－混凝土组合结构的承载特性，称为钢护筒效应。目前的设计理论均忽略钢护筒的作用，为验算通过而需加大基桩截面或增加抗弯配筋措施，显著增大了工程造价。

钢护筒嵌岩桩作为跨海、跨江大桥的桩基时，由于其主要受到竖向荷载作用，在考虑钢护筒参与受力时，往往采用变截面桩混合桩的理论计算，受到横向外力时，缺少量化分析。而内河码头钢护筒嵌岩桩除承受竖向荷载以外，还要承受横向荷载（如船舶荷载）作用，目前相应的研究成果较少，理论研究严重滞后于工程实践，亟须开展相应研究。

2.2　嵌岩桩竖向承载特性

国内外学者通过现场试验、室内模型试验、理论分析及数值分析方法对嵌岩桩竖向承载特性展开多方面的深入研究，得到大量关于嵌岩桩桩侧摩阻力、桩端阻力、嵌岩深度、承载机理等方面的认识，丰富完善了岩石地区桩基的设计理论。

现场试验是研究嵌岩桩竖向承载机理最可靠的研究手段，完整的实测试桩资料不多。早在 1969 年 Reese 等在第 7 届国际土力学及基础工程会议上就发表了埋设量测元件的单桩桩身竖向荷载传递规律，得到实测桩端反力占桩身总荷载的 15%～25%[23]。Horvath 等通过总结欧美地区大量试桩资料，在大量实测数据的基础上建立了桩侧阻力与岩石饱和单轴抗压强度的关系[24,25]。传统观念认为，嵌岩桩属端承桩，直到史佩栋等通过对 150 例现场实测资料和 2 例原位观测资料的分析，得出嵌岩桩在竖向荷载作用下桩端阻力分担比随长径比变化的一般规律，探讨了不同长径比的嵌岩桩可能成为端承桩或摩擦型端承桩的必要条件[26]。我国在修订《建筑桩基技术规范(JGJ 94—1994)》时提出嵌岩桩竖向承载力由桩侧土总阻力、嵌岩段总阻力和总桩端阻力 3 部分组成[27]。2000 年后，人们对嵌岩桩的认识不断深入，2008 年我国新颁布《建筑桩基技术规范(JGJ 94—2008)》时将嵌岩段的桩端阻力和桩侧阻力综合考虑，该规范对嵌岩桩的竖向承载机理有了突破性的认识，但对影响其承载力的岩石条件、桩的尺寸、桩端条件及桩岩界面粗糙度等因素没有考虑，而且嵌岩桩的破坏模式不够完善[28]。宋仁乾和张忠苗对杭州地区 100 多根嵌岩桩的试验资料进行分析，提出软土地基中不同桩径的桩具有不同嵌岩深度，不存在最大嵌岩深度[29]。张建华通过对湿陷性黄土区大直径嵌岩灌注桩进行竖向静荷载试验和桩身应力测试，分析嵌岩桩的竖向承载特性和影响因素，得到桩岩胶结状况对桩的非嵌岩段有很大影响，且桩侧强化效应的产生与荷载大小有关[30]。龚成中等基于自平衡测试法对大直径深长嵌岩桩的桩侧阻力进行研究，得到嵌岩桩的竖向荷载传递规律及软岩地区嵌岩深度对承载力的影响[31]。刘衡采用现场静载试验和钻芯法进行桩身检测，研究表明，厚层沉渣严重削弱嵌岩桩的承载能力，其破坏型式是突然性的失稳破坏[32]。汤洪霞等基于 3 根深嵌岩灌注桩的竖向静载荷试验，得到胶州湾填海地区全风化泥岩基地深嵌岩灌注桩的竖向荷载传递特性与传递机理[33]。许建通过对新近厚填土场地的 8 根嵌岩试桩进行现场试验，研究不同土层的负摩阻力特性，得到试桩在正常施工和正常使用条件下桩身轴力变化趋势和负摩阻力特性的规律[34]。

室内模型试验具有成本低、易控制、见效快的特点，在某些情况下可以替代原型试验。Pells 等进行了室内模型试验，认为桩顶 Q-S 曲线的变化规律主要与桩-岩接触界面的粗糙度有关[35]。四川省公路勘察设计院的 4 根模型嵌岩桩竖向承载试验表明，嵌岩桩的桩侧阻力从上层土至下层土逐层发挥，且存在一个临界荷载使上层土的阻力完全消失，桩底岩土刚度严重影响桩侧阻力的发挥[36]。Johnston 等通过常量法向刚度直剪试验，研究软岩嵌岩桩中桩岩剪切情形，得出软岩嵌岩桩桩侧阻力的发挥受制于桩径法向刚度常量的结论[37]。Indraratna 等也通过常量法向刚度直剪试验，研究了不同剪胀角情况下岩石的软弱夹层对桩侧阻力的影响[38]。Gu 和 Haberfleld 通过室内混凝土-玄武岩接触面的剪切试验模型研究嵌岩桩桩-岩界面的摩阻力特性，分析了围岩刚度、剪胀角和法向压力对界面最大摩阻力的影响[39]。张建新和吴东云通过模拟 4 组不同桩端条件下的嵌岩桩模型试验，研究竖向荷载作用下桩端阻力与桩侧阻力的相互作用[40]。高睿等开展的两组嵌岩桩室内模型试验表明，嵌岩深径比、桩-岩界面粗糙度直接影响嵌岩桩侧阻力与端阻力的分担比，桩的嵌岩深度不宜超过 5D，当桩底有沉渣时该值可适当加大[41]。李克森通过对 4 种不同饱水工况下软岩地基模型中的桩基竖向承载特性进行模型试验研究，得出嵌岩桩竖向承载特性的降低幅度与软岩地基强度劣化程度相反，并提出一种新的软岩嵌岩桩极限承载力确定方法[42]。

理论研究建立在现场试验及室内模型试验的基础上，客观反应了嵌岩桩的某些承载规律。自 1957 年 Seed 和 Reese 提出桩身荷载传递函数的双曲线模型以来，用荷载传递函数研究小直径桩的荷载传递机理取得了较大的发展[43]。Chiu 和 Dight 考虑摩擦桩孔壁粗糙度对桩基竖向承载力的影响，提出桩岩界面的剪切机制[44]。叶玲玲和朱小林通过传递函数法计算 8 根试桩的竖向承载力，采用双曲线函数拟合得到花岗岩作为持力层的桩端阻力函数，并用桩的荷载传递法求解每单元的位移与内力的协调关系[45]。邱钰等采用双折线荷载函数，导出深长大直径嵌岩单桩沉降计算的解析公式，并得到南京地区深长大直径嵌岩单桩沉降计算荷载传递函数的参数值[46]。Seol 等基于直剪试验和摩尔-库仑破坏准则，考虑桩周岩土体地质强度指标和钻孔粗糙度对桩侧摩阻力的影响，建立了桩侧摩阻力的非线性方程[47]。王卫中等采用荷载传递法，考虑桩侧和桩端土的弹性模量、桩顶沉降、试桩桩长等对单桩竖向承载力的影响，得到试验桩和工程桩承载力的关系公式[48]。戴国亮等基于小孔扩张理论和二维霍克-布朗破坏准则，综合考虑桩径、岩土体的重力作用对桩竖向承载性能的影响，修正了已有文献的桩侧摩阻力计算公式[49]。罗卫华同时考虑岩石强度及桩岩相对位移对嵌岩桩竖向承载力的影响，改进了桩端阻力和桩侧摩阻力荷载传递模型，得到嵌岩桩分别在桩周岩处于弹性状态、部分进入塑性状态以及完全进入塑性状态情况下的荷载-沉降曲线计算公式[50]。

在嵌岩桩竖向承载性状的数值分析方面，早期的弹性有限元法假设桩-岩界面胶结或嵌固良好，界面无相对滑动，之后的研究发现桩-岩界面多数情况下会出现滑动[51]。Pells 和 Turner 考虑刚性基础的沉降折减系数和基础的平均折减系数，通过有限元分析得到在不同嵌岩深径比和不同桩岩模量比的条件下，桩端阻力的荷载分担比，这个认识比国内早近十年。Rowe 和 Armitage 考虑界面粗糙度、嵌岩深径比、桩岩模量比等因素，通过数值模拟，得到了在垂直荷载下计算桩侧摩阻力的计算方法[52,53]。Leong 和 Randolph 考虑岩性、嵌岩深径比和桩径对桩侧摩阻力的影响，得到桩侧摩阻力随着嵌岩深径比和桩径的增大而略有减小的规律[54]。陈斌等利用数值模拟对嵌岩桩的竖向承载特性进行研究，表明基岩强度与桩的竖向承载力近似呈指数关系，桩侧摩阻力非线性分布现象突出，并以双峰型为主[55]。邱钰等采用线弹性和弹塑性有限元模型对深长大直径嵌岩单桩的竖向承载特性进行分析，表明岩石和桩身的弹性模量是影响嵌岩单桩竖向承载力的主要因素，当桩基嵌入软质岩时，嵌岩深度可适当加深[56]。许锡宾等运用桩-岩(土)间的滑移-剪胀理论，通过三维有限元分析研究了大直径桩基嵌岩深径比、桩径、长径比及基岩强度对嵌岩桩竖向承载性状的影响[57]。李建军建立线弹性模型、弹塑性模型对大直径嵌岩单桩竖向承载性状、荷载传递特性进行线性和非线性研究，得到嵌岩桩的部分竖向承载性状[51]。黄生根等采用接近实际性状的双曲线函数模拟桩岩接触面，研究大直径嵌岩桩竖向承载性能[58]。

目前,针对钢护筒嵌岩桩竖向承载特性的研究较少,嵌岩桩竖向承载特性的丰富成果可为深水码头钢护筒嵌岩桩竖向承载特性研究提供参考。

2.3　嵌岩桩水平承载特性

国内外有不少学者通过原型试验和室内模型试验对嵌岩桩的水平承载特性进行试验研究。20 世纪 70 年代,Matlock 等结合试验结果提出按实际的应力－应变关系进行计算,称为 $p-y$ 曲线法,该方法被广泛应用[59]。Alizadeh 和 Davission[60]、Huang 等[61]通过现场原位试验对嵌岩桩的水平承载特性进行研究。杜红志通过嵌岩单桩的水平静载试验,分析该桩在水平荷载下的工作性状,为确定嵌岩单桩的水平承载力和钢盘笼的设置长度提供了依据[62]。王建华等通过某大型码头桩基工程的现场试验,结合数值分析研究了水平荷载作用下大直径嵌岩钢管混凝土桩的工作机理[63]。张建华通过大直径嵌岩灌注桩的现场水平静载试验,得到桩的水平位移、桩身应力、桩身弯矩随水平力变化的规律,分析了嵌岩桩水平受荷机理[30]。王多垠等通过大比例尺模型试验,研究了内河码头大直径嵌岩灌注桩的横向承载性能[64]。赵明华等进行了嵌岩桩的水平荷载模型试验,采用慢速维持荷载法加载,得到横向荷载、桩基自由长度、桩基抗弯刚度对桩身弯矩和桩顶位移的影响规律[65]。刘汉龙等通过足尺模型试验,分析了大直径现浇混凝土薄壁管桩承受水平荷载时的内力、变形、极限承载力和桩侧土压力分布等[66,67]。关英俊以云南富宁港为依托,以相似理论为基础建立了软岩岩性劣化的嵌岩桩模型试验[68]。

桩基承载能力与桩和周围岩(土)体的相互作用有关[69]。根据这一特性,可以利用桩侧土体的抗力确定桩基承载力。目前使用较多的桩基水平受荷桩桩侧土体抗力确定方法为地基反力法[70],其主要工作为确定地基反力系数,不少学者提出了相应的计算模型,如常数分布模式、抛物线分布模式以及线性分布模式(m 法)等。其中,m 法应用简便,且在一定深度范围内与实际情况吻合较好,因此成为目前国内外应用最为广泛的方法,是多种桩基规范推荐的计算方法。由于桩侧土体的复杂性,地基反力系数法与工程实际仍存在一定的差距。因此,直接从试验结果出发,得出反力的分布规律也是合适的途径。另外,随着计算技术的高速发展,用数值计算方法分析桩侧土体的抗力分布,已成为有效的手段[71,72]。吴恒立提出综合刚度原理和双参数法,将水平地基系数随深度变化的指数作为待定的参数,通过两个待定系数的调整使计算结果更好地符合实际情况[73]。劳伟康等对大直径柔性钢管嵌岩桩水平承载力进行试验研究并结合综合刚度原理和双参数法,提出一种新的计算分析方法[74]。张磊运用半解析法、弹塑性解法和弹性理论法,得到不考虑和考虑轴向荷载情况下的水平受荷单桩的挠曲线微分方程以及轴向、横向荷载共同作用下单桩的变形和内力[75]。

关于嵌岩桩水平承载特性的数值分析。张明武运用边界元法模拟地基反力,对水平承载桩进行数值模拟受力特性分析,直接得出弹性桩的位移、内力以及桩侧岩(土)的应力[76]。李桐栋和张力霆运用有限元法对桩－土相互作用进行非线性分析,得出新的桩－土相互作用的单元计算模型,推导了桩－土相互作用的非线性单元刚度矩阵[77]。网格的合理划分再加上对部分网格的计算机自动处理,能使计算精度和前后处理的工作量得到较好的协调。因此，应用有限元－无穷元耦合方法进行桩的水平承载力和变形特性的研究及辅助工程计算具有广阔的发展前景[78]。Chong 等利用全尺寸的桩基承载试验以及三维离散单元法程序对泥岩地基嵌岩桩水平荷载作用下的承载规律进行研究，发现基岩节理发育是影响桩基应力－位移曲线分布规律的重要因素[79]。

水平荷载作用下嵌岩桩受力过程复杂，不同的计算方法具有不同的适用性。国内设计规范推荐采用单一参数法，即 m 法、C 法、K 法等对桩基水平承载力进行计算，但由于不同方法间的内在联系和应用范围未能明确确定，因此都不能很好地描述水平荷载作用下桩基承载的机理。同时，当深水码头钢护筒嵌岩桩承受水平荷载时，部分水平荷载并非直接作用于桩身，而是通过结构构件首先传递至钢护筒表面，再通过钢护筒与混凝土之间的界面传递给桩芯，这种荷载传递特点与传统桩基有着很大的不同，因此，利用传统的桩基水平承载力计算方法在设计钢护筒嵌岩桩时具有一定的盲目性与局限性。

目前，国内外学者利用原位监测、模型试验和数值模拟方法等对桩基水平承载作用下的荷载传递规律、破坏模式及承载能力等进行了较多的研究，为钢护筒嵌岩桩水平承载性状的研究提供了参考。但现阶段针对钢护筒嵌岩桩水平承载的研究较少，深水码头钢护筒嵌岩桩水平承载的规律和机理依然是尚未解决的难题。

2.4　钢管－混凝土界面特性研究

钢管－混凝土界面黏结强度是影响大直径钢护筒嵌岩桩长期工作性状的关键因素，目前针对该方面的系统研究较少。而国内外学者对与此问题类似的钢管与桩芯混凝土界面的黏结强度问题开展了大量研究工作。

Virdi 和 Dowling 开展了关于钢管－混凝土界面黏结性能的试验研究，Virdi 对极限黏结强度进行了界定，Dowling 提出平均黏结强度概念并对影响钢管－混凝土界面黏结强度的因素进行了系统研究[80,81]。Yasser[82]、薛立红[83]均对钢管－混凝土界面黏结性能进行了实验研究。Morishita 等首次采用推离试验方法对钢管－混凝土界面黏结性能进行了研究，并对圆形、方形、八边形钢管－混凝土进行了推离试验[84-86]。Shakir 进行的钢管－混凝土推出试验着重考察了混凝土强度、构件长细比、"夹钳"作用、钢管－混凝土内表面状况等因素对钢管－混凝土界面黏结强度的影响[87]。薛立红和蔡绍怀在以往研究成果的基础上，进行了钢管－混凝土推出试验，考察了混凝土强度、钢管内表面状况、混凝土养护条件、界面长度及钢管混凝土受力状态等因素对钢管－混凝土界面黏结强度的影响[88,89]。刘永健等针对方钢管－混凝土界面黏结强度开展了试验研究，得出方钢管－混凝土界面荷载－滑移曲线的变化规律及其黏结性能，提出方钢管－混凝土界面黏结－滑移曲线可大体分为胶结段、滑移段和摩阻段，探讨钢管－混凝土界面抗剪黏结滑移性能及应力分布规律[90-93]。Fam 等通过对轴向压缩与横向循环荷载作用下的钢管－混凝土试验，研究了钢管与桩芯混凝土的黏结对钢管混凝土强度和韧性的影响，发现是否黏结对钢管混凝土梁柱构件的抗弯强度影响不明显；与有黏结的钢管混凝土短柱相比，未黏结的钢管混凝土短柱的轴向强度略有增大，而刚度则略有减小[94]。

在理论研究方面，目前仍然缺乏成熟的界面本构模型，钢管－混凝土界面采取何种单元或者处理方式仍不明确，对于界面的黏结－滑移本构模型也缺乏专门的试验研究[93]。

苏献祥等在反复荷载作用下矩形钢管混凝土桩的滞回性能研究中，参考前人对钢筋－混凝土界面黏结－滑移性能的研究成果，建立了钢管－混凝土界面黏结－滑移简化滞回模型，模型中忽略了界面法向应力对界面切向黏结性能的影响[95]。Shakir-Kllalil 通过型钢－混凝土推出试验，并参考国内外有关资料，给出工字钢－混凝土界面平均黏结应力与加载端滑移之间的 τ-S 关系。Qu 等通过矩形钢管－混凝土界面的反复推出实验研究了混凝土与钢管间黏结规律、黏结应力分量的分配和宏观机械咬合力的发展，解释了黏结力发展的机制，获得了界面黏结应力的分布规律，提出临界剪力传递长度的概念[96]。辛海亮从理论上推导了钢管－混凝土界面黏结应力 τ 与相对滑移 s 的相互关系，给出了一种能够反映沿锚固长度方向上 τ-s 关系变化的黏结滑移本构关系，为进一步研究钢管－混凝土界面的黏结滑移本构关系提供了理论依据[97]。Lee 等基于 3 个现有试验结果，对钢管－混凝土界面的黏结强度、黏结及非黏结摩擦系数、摩擦系数的误差水平等材料属性进行研究，基于三参数双曲破坏准则，提出了钢管－混凝土界面的一种典型本构关系，反映了黏结情况对界面性能的重大影响[98]。

卢明奇采用空间六面体单元作为钢和混凝土的单元型式，并提出了空间黏结单元以模拟钢和混凝土之间的黏结作用[99]。康希良在已有实验数据和分析结果的基础上，利用 Ansys 软件建立了钢管混凝土非线性静力全过程分析模型，计算结果与实验结果吻合较好[100]。汪陆霖在考虑非线性行为的条件下，使用 Ansys 软件对各种不同外形尺寸的钢管混凝土构件模型进行轴压试验的有限元模拟分析，通过该非线性的模拟得出有关黏结－滑移问题的一系列结果，在模拟轴压钢管混凝土构件的过程中发现并得出钢管－混凝土界面黏结－滑移的一些规律和结论[101]。

现有钢管－混凝土界面特性研究成果将作为本书研究工作的重要参考，本书的研究重点在于水平荷载下钢管－混凝土界面弱化机理，而此方面的研究成果较少，迫切需要开展相关研究。

2.5　嵌岩桩承载力常用计算方法

嵌岩桩承载力与长径比、上覆土层性质、嵌岩段岩层性质、施工工艺、成桩质量有关，计算承载力必须考虑到这些具体条件和特性。国内外现行的关于嵌岩桩承载力的计算模式大体可以分成三类：第一类只考虑桩端阻力；第二类考虑了嵌岩部分的侧阻力和端阻力；第三类则全面考虑覆盖土层的侧阻力、嵌岩段的侧阻力和端阻力。

2.5.1　只考虑桩端阻力

这种计算模式以《建筑地基基础设计规范（GB 50007—2011）》[102]为代表。该规范规定，初步设计时单桩竖向承载力特征值可按下式估算：

$$R_{\mathrm{a}} = q_{\mathrm{pa}}A_{\mathrm{p}} + u_{\mathrm{p}}\sum q_{\mathrm{sia}}l_i \tag{2.1}$$

式中，R_{a} 为单桩竖向承载力特征值，kN；q_{pa}、q_{sia} 分别为桩端阻力特征值、桩侧阻力特征值，由当地静载荷试验结果统计分析算得，kPa；A_{p} 为桩底端横截面面积，m²；u_{p} 为桩身周边长度，m；l_i 为第 i 层岩土的厚度，m。

该规范又规定，当桩端嵌入完整及较完整的硬质岩中，桩长较短且入岩较浅时，可按下式估算单桩竖向承载力特征值：

$$R_a = q_{pa} A_p \tag{2.2}$$

式中，q_{pa} 为桩端岩石承载力特征值，kPa。

《建筑地基基础设计规范(GBJ 5007—2011)》规定，当柱端嵌入完整及较完整的硬质岩中时，把嵌岩桩按端承桩来设计，不论桩的长径比 l/d 为何值均不计侧阻力，不加区分地把嵌岩桩一律视为端承桩，显然不合理[88]。

2.5.2   只考虑嵌岩部分的侧阻力和端阻力

《公路桥涵地基与基础设计规范(JTG D63—2007)》[103] 规定，支承在基岩上或嵌入基岩内的钻(挖)孔桩、沉桩的单桩轴向受压承载力容许值[P]可按下式计算：

$$[P] = (c_1 A + c_1 U_p h_r) R_a A \tag{2.3}$$

式中，$[P]$ 为单桩轴向受压承载力容许值，kN；A 为桩端横截面积，对于钻孔桩和管桩按设计直径采用，m^2；U_p 为桩嵌入基岩部分的横截面周长，对于钻孔桩和管桩按设计直径采用，m；h_r 为桩嵌入基岩深度，不包括风化层，m；R_a 为岩石天然湿度的单轴抗压强度，kPa；试件直径为 7~10cm，试件高度与试件直径相等；c_1、c_2 分别为根据清空情况、岩石破碎程度确定。

《铁路桥涵地基与基础设计规范(TB 10002.5—2005)》[104] 提出的单桩承载力设计方法与《公路桥涵地基与基础设计规范(JTG D63—2007)》基本相同，只是与岩石风化程度及清底程度相关的系数取值不同。公路桥涵与铁路桥涵规范均未考虑桩端阻力与嵌岩深度的关系，且桩端阻力均由单轴抗压强度求得，与桩端岩体所处的应力状态不符。

《铁路标准地基与基础设计规范(TB 10002.5—2005)》[105] 规定，支承于新鲜岩石层上和嵌入新鲜岩石层内的钻(挖)孔灌注桩的轴向容许承载力：

$$[P] = R(c_1 A + c_2 U h) \tag{2.4}$$

式中，R 为岩石试块单轴极限强度，kPa；天然湿度下试件直径为 7~10cm，试件高度与直径相等；U 为嵌入岩石层内的桩孔周长，m；h 为自新鲜岩面(平均高程)算起的嵌入深度，m；c_1、c_2 分别根据清孔情况、岩石破碎程度确定。

2.5.3   全面考虑覆盖土层的侧阻力、嵌岩段的侧阻力和端阻力

这类计算模式以《建筑桩基技术规范(JGJ 94—2008)》[28] 为典型代表，桩端置于完整、较完整基岩的嵌岩桩单桩竖向极限承载力，由桩周土总极限侧阻力和嵌岩段总极限阻力组成。在根据岩石单轴抗压强度确定单桩竖向极限承载力标准值时，可按下式计算：

$$Q_{uk} = Q_{sk} + Q_{rk} \tag{2.5}$$

$$Q_{sk} = u \sum q_{sik} l_i \tag{2.6}$$

$$Q_{rk} = \zeta_r f_{rk} A_p \tag{2.7}$$

式中，Q_{uk} 为单桩竖向极限承载力标准值，kPa；Q_{sk}、Q_{rk} 分别为土的总极限侧阻力、嵌岩段总极限阻力，kPa；q_{sik} 为桩周第 i 层土的极限侧阻力，无当地经验时，可根据成桩

工艺取值，kPa；f_{rk} 为岩石饱和单轴抗压强度标准值，黏土岩取天然湿度单轴抗压强度标准值，kPa；ζ_r 为嵌岩段侧阻和端阻综合系数，与嵌岩深径比、岩石软硬程度和成桩工艺有关，对于干作业成桩（清底干净）和泥浆护壁成桩后注浆，其取值为泥浆护壁成桩取值的 1.2 倍；μ 为各土层或各岩层部分的桩身周长，m。

该规范规定，对于嵌岩桩，嵌岩深度应综合荷载、上覆土层、基岩、桩径、桩长诸因素确定；对于嵌入倾斜的完整和较完整岩的全断面深度不宜小于 $0.4d$ 且不小于 $0.5m$，倾斜度大于 30% 的中风化岩，宜根据倾斜度及岩石完整性适当加大嵌岩深度；对于嵌入平整、完整的坚硬岩和较硬岩的深度不宜小于 $0.2d$，且不应小于 $0.2m$。

《建筑桩基技术规范（JGJ 94—2008）》[28] 中对嵌岩桩嵌岩段侧阻和端阻进行了综合考虑，不再对嵌岩段的嵌固力和端阻力进行分开计算，由桩侧土层阻力与嵌岩段总阻力承担。该方法对嵌岩段侧阻力及端阻力进行综合考虑，桩侧阻和端阻综合系数在嵌岩比达到 8 时仍可取值，同时在计算覆盖层侧阻力时，不再对上覆土层摩阻力进行折减。但忽略了荷载发挥的过程，受力不明确，且采用岩石单轴受压强度作为岩石质量指标，仍然存在一定的问题。

2.6　钢管混凝土柱的受力特性分析

2.6.1　钢管混凝土柱荷载传递机理的基本特征

钢管混凝土柱是指在钢管中填充混凝土而形成的构件。钢管混凝土柱轴心受压时产生紧箍效应，是钢管混凝土柱具有特殊性能的基本原因。钢管混凝土构件在轴心压力作用下，钢管和核心混凝土都处于三向应力状态下，与单向受压时不同，其性能发生了改变。图 2.1 所示为钢材在三向应力状态下的应力强度 σ_i 与应变强度 ε_i 间的关系。最上端曲线为单向受压时 σ_i 与 ε_i 的关系，下面的曲线是三向应力状态下 σ_i 与 ε_i 的关系，可见在三向状态（纵向受压而环向受拉）下，钢材的屈服强度 σ_y 降低，而极限应变却增大，即强度下降，塑性变形能力增大。

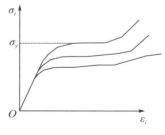

图 2.1　钢材的 σ_i-ε_i 关系

图 2.2 所示为混凝土受压时的应力－应变关系。最下端曲线是单向受压时的应力－应变关系，其余曲线为有紧箍力时，混凝土三向受压时的应力－应变关系。随着紧箍力的

增大，混凝土的抗压强度提高，弹性模量增大，且塑性变形能力大大增加，当紧箍力达到一定程度时，混凝土的应力－应变关系无下降段，塑性变形能力将无穷增大。

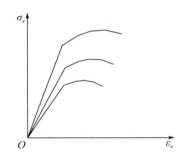

图 2.2　混凝土受压时的应力－应变关系

2.6.2　钢管混凝土柱的承载力计算

1. 蔡绍怀和焦占栓的计算公式

蔡绍怀和焦占栓[106]使用极限平衡法推导出轴心受压短柱极限承载力的计算公式，这种方法不需要考虑弹塑性阶段，不需要确定材料的本构关系，也不需要考虑变形过程和加载历程，直接根据结构处于极限状态时的平衡条件计算出极限状态的荷载数值。

套箍指标是影响钢管混凝土柱极限承载力的主要指标。其计算式为

$$\theta = \frac{A_a f_a}{A_c f_c} \tag{2.8}$$

式中，θ 为钢管混凝土的套箍指标；A_a 为钢管的横截面面积，m^2；f_a 为钢管的抗压强度设计值，kPa；A_c 为钢管内的核心混凝土横截面面积，m^2；f_c 为核心混凝土轴心抗压强度设计值，kPa。

当套箍指标 $\theta \leqslant [\theta]$ 时，

$$N_u = A_c f_c (1 + \alpha \theta) \tag{2.9}$$

当套箍指标 $\theta > [\theta]$ 时，

$$N_u = A_c f_c (1 + \sqrt{\theta} + \theta) \tag{2.10}$$

式中，N_u 为钢管混凝土柱轴向受压承载力设计值，kN；$[\theta]$ 为与混凝土强度等级有关的套箍指标界限值；α 为与混凝土强度等级有关的系数。

2. 《矩形钢管混凝土结构技术规程（CECS 159：2004）》的计算公式

《矩形钢管混凝土结构技术规程（CECS 159：2004）》[107]是中国工程建设标准化协会标准，仅仅适用于矩形截面的钢管混凝土设计计算，按承载能力极限状态和正常使用极限状态进行设计。矩形钢管混凝土轴心受压构件的承载力应满足下列要求：

$$N \leqslant \frac{1}{\gamma} N_u \tag{2.11}$$

$$N_u = f A_s + f_c A_c \tag{2.12}$$

式中，N 为轴向压力设计值，kN；γ 为系数，无地震作用组合时，$\gamma = \gamma_0$，有地震作用

组合时，$\gamma = \gamma_{RE}$。

3. 《钢管混凝土结构技术规程（CECS 28：2012）》的计算公式

《钢管混凝土结构技术规程（CECS 28：2012）》[108]是中国工程建设标准化协会标准，可用于钢管混凝土柱轴向受压承载力计算。轴向受压承载力应满足下列要求：

持久、短暂设计状况

$$N \leqslant N_u \tag{2.13}$$

地震设计状况

$$N \leqslant \frac{N_u}{\gamma_{RE}} \tag{2.14}$$

钢管混凝土柱轴向受压承载力设计值应按下列公式计算：

$$N_u = \varphi_1 \varphi_e N_0 \tag{2.15}$$

当 $0.5 < \theta \leqslant [\theta]$ 时，

$$N_0 = 0.9 A_c f_c (1 + \alpha\theta) \tag{2.16}$$

当 $2.5 > \theta > [\theta]$ 时，

$$N_0 = 0.9 A_c f_c (1 + \sqrt{\theta} + \theta) \tag{2.17}$$

$$\theta = \frac{A_a f_a}{A_c f_c} \tag{2.18}$$

且在任何情况下均应满足下列条件：

$$\varphi_1 \varphi_e \leqslant \varphi_0 \tag{2.19}$$

式中，N_0 为钢管混凝土轴心受压短柱的承载力设计值，kN；φ_1 为考虑细长比影响的承载力折减系数；φ_e 为考虑偏心率影响的承载力折减系数；φ_0 为按轴心受压柱考虑的 φ_1 值。

4. 《钢管混凝土结构技术规范（GB 50936—2014）》的计算公式

《钢管混凝土结构技术规范（GB 50936—2014）》[109]是国家标准，可用于钢管混凝土短柱轴向受压承载力计算。钢管混凝土短柱的轴向抗压强度承载力设计值应按下列公式计算：

$$N_0 = A_{sc} f_{sc} \tag{2.20}$$

式中，A_{sc} 为实心或空心钢管混凝土的组合截面面积，等于钢管和管内混凝土面积之和，m^2；f_{sc} 为实心或空心钢管混凝土组合抗压强度设计值，$f_{sc} = (1.212 + Bk_1\theta_{sc} + Ck_1^2\theta_{sc}^2)f_c$，其中 θ_{sc} 为实心或空心钢管混凝土构件的套箍系数设计值，B、C 分别为考虑钢材、混凝土及截面形状对套箍效应的影响系数，k_1 为空心钢管混凝土构件紧箍效应折减系数。

5. 日本 AIJ 的计算公式

日本 AIJ 采用极限状态设计法，计算时叠加钢材和混凝土的承载力，短柱的强度承载力如下：

对于方形、矩形钢管混凝土

$$N_u = A_s F + 0.85 A_c f_c \qquad (2.21)$$

对于圆形钢管混凝土

$$N_u = 1.27 A_s F + 0.85 A_c f_c \qquad (2.22)$$

式中，F 为钢材的强度标准值，$F = \min(f_y, 0.7 f_u)$，其中 f_u 为钢材的抗拉强度，f_y 为钢材屈服强度，kPa；A_s 为钢管的横截面面积，m^2。

6. 美国 ACI(2005)的计算公式

美国 ACI(2005)是将钢管混凝土等效为钢筋混凝土构件，按照传统的钢筋混凝土规范来进行计算，可用于对方形、矩形和圆形截面的钢管混凝土进行设计计算。

$$N_u = 0.85 \varphi (A_s f_y + 0.85 f_c A_c) \qquad (2.23)$$

式中，φ 为折减系数，取 0.75。

7. 欧洲 EC4(2004)的计算公式

欧洲 EC4(2004)是欧洲标准化委员会提出的钢与混凝土组合结构设计规范，可用于对方形、矩形和圆形截面的钢管混凝土进行设计计算。

$$N_u = \frac{f_y}{\gamma_s} A_s + \frac{f_c}{\gamma_c} A_c \qquad (2.24)$$

式中，γ_s 为钢材的材料分项系数，取 1.0；γ_c 为混凝土的材料分项系数，取 1.5。

8. BS 5400(2005)的计算公式

BS 5400(2005)[110]是英国标准委员会提出的桥梁设计规程，其中给出了钢管混凝土构件承载力的设计公式，可用于方形、矩形和圆形截面的钢管混凝土进行设计计算。

圆形钢管混凝土的强度：

$$N_u = 0.95 A_s f_y + 0.45 A_c f_{cc} \qquad (2.25)$$

式中，f_y 为折减后的钢材屈服强度，kPa；f_{cc} 为核心混凝土在三向受压时的极限抗压强度，$f_{cc} = f_{cu} + C_1 f_y \dfrac{t}{D}$，kPa。

方形、矩形钢管混凝土的强度：

$$N_u = 0.95 A_s f_y + 0.45 A_c f_{cu} \qquad (2.26)$$

国内外众多学者对钢管混凝土桩的承载性能做了探索性的研究，取得了一定成果。但是针对深水码头钢护筒嵌岩桩承载的承载特性、承载力计算方法方面的研究尚处于探索阶段，亟须开展系统研究解决工程实际问题。

第 3 章　钢护筒－混凝土界面剪切特性研究

3.1　引　　言

大直径钢护筒嵌岩桩的承载性状受钢护筒与桩芯混凝土接触面(以下简称钢－混凝土界面)力学特性的影响，因此，研究钢－混凝土界面特性对查明大直径钢护筒嵌岩桩的承载特性具有重要意义。前人通过钢管混凝土桩进行桩芯混凝土的推出试验，研究了钢－混凝土界面剪切特性，本章将通过直接剪切试验研究钢－混凝土界面的剪切特性。本章采用的剪切试验与前人采用的推出试验相比，虽只能模拟界面的平面剪切，但由于其能在较大尺寸上进行试验，能够保证试验精度，并且试验过程中可以控制法向力大小，从而更有利于讨论大直径钢护筒嵌岩桩所受轴向力对抗剪强度的影响。

钢－混凝土界面的研究与岩石力学中结构面抗剪强度特性的研究具有一定相似性，同时可以借鉴桩－土界面研究与混凝土抗剪强度研究的相关经验。影响钢－混凝土界面剪切特性的因素很多，各因素的作用也十分复杂，在试验中必须选取主要因素进行研究。本章的研究目的如下：

(1)查明钢板表面粗糙度对钢－混凝土界面剪切特性的影响。

(2)查明法向应力对钢－混凝土界面剪切特性的影响。

(3)分析钢－混凝土界面的抗剪强度及其影响因素。

3.2　试验方法及试验方案

钢－混凝土界面剪切特性是影响大直径钢护筒嵌岩桩基承载性能的重要因素，对其进行研究有助于深入阐释大直径钢护筒嵌岩桩的竖向承载机理。剪切试验能较好地模拟不同法向荷载状态下钢－混凝土界面抗剪强度的变化规律，同时能在满足精度要求的前提下，考虑不同界面表面形状。

3.2.1　试件结构

综合考虑试验场地、加载设备和加载量等因素，该试验中以水泥砂浆代替大直径钢护筒嵌岩桩中常用的混凝土。考虑界面粗糙度、法向应力等参数的影响，研究人员共制作了 36 个剪切试件。实际工程中的钢护筒内部多采用焊钢筋的型式提高界面黏结力，在试验中采用钢板表面焊筋和钢板开槽两种方式对此进行模拟，据此可对比两种提高界面粗糙度的方式对界面抗剪黏结强度的影响。考虑到二者的剪切破坏模式可能不同，开槽组试件的破坏是剪切－摩擦的过程，而焊钢筋组试件的破坏面会接近钢筋与水泥砂浆的交界处[111]，类似于混凝土的受剪破坏。

共选择 3 种界面型式模拟不同的界面粗糙度，如图 3.1 所示。图中，Ⅰ型界面为工厂购买的钢板，经 60 目人造刚玉打磨后，将外表面擦拭干净，本书称为平型界面；Ⅱ型界面按照设计的间距，在钢板上开槽，本书称为凹型界面；Ⅲ型界面按照设计的间距，在钢板外表面焊接 6mm 光圆钢筋，本书称为凸型界面。

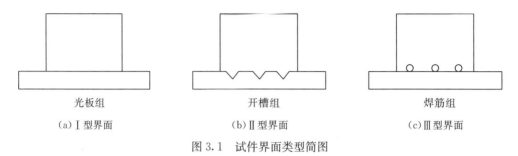

光板组	开槽组	焊筋组
（a）Ⅰ型界面	（b）Ⅱ型界面	（c）Ⅲ型界面

图 3.1　试件界面类型简图

3.2.2　试验仪器

试验采用 RMT 岩石力学试验系统。试样剪切试验的下剪切盒采用 RMT 岩石力学系统自带的剪切盒，上剪切盒根据试验需要，自行制作 190mm×190mm×150mm 的钢剪切盒，其内部空间尺寸为 150mm×150mm×150mm，壁厚为 20mm，采用 U20402 40 号钢锭冲压制成，符合《优质碳素结构钢（GB/T 699—1999）》中的规定。上剪切盒的尺寸较大时，套箍作用不明显，能适应界面具有一定设计粗糙度的情况。剪切试验试件布置如图 3.2 所示。

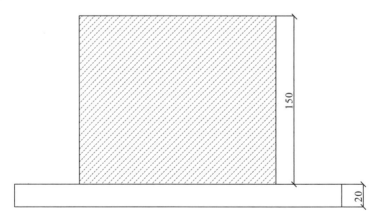

图 3.2　剪切试验试件布置图（单位：mm）

试验采用行程控制加载，先施加法向荷载至设计值，再施加剪切荷载，剪切荷载加载前预加载至仪器与试件之间紧密挤压，加载速率控制在 0.0100mm/s。

试验机加载端的传力触头与上剪切盒之间放置两块 40mm 厚钢板传递荷载。为了防止钢板垫块在试验中发生水平位移损坏传感器，在两块钢板之间垫有直径为 10mm 的钢筋以形成滚轮，如图 3.3 所示。

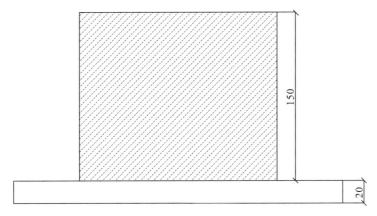

图 3.3　安装就位后的试件(单位：mm)

3.2.3　试验方案

针对 3 种表面粗糙类型的钢板，通过改变粗糙度、试验法向应力，可以研究钢－混凝土界面剪切特性。共设计 3 类 36 个试件，各试件的设计参数见表 3.1。在试验中，为确定不同法向应力条件下的界面抗剪强度，法向应力选择 2.0MPa、1.5MPa、1.0MPa 和 0.5MPa 4 种。

表 3.1　试件设计参数表

试件编号	钢－混凝土界面类型	槽或筋间距/mm	钢板表面粗糙度编号	试验法向应力/MPa
JQA1-1	平型界面	无	1	2.00
JQA1-2				1.50
JQA1-3				1.00
JQA1-4				0.50
JQB1-1	凹型界面	10.0	2	2.00
JQB1-2				1.50
JQB1-3				1.00
JQB1-4				0.50
JQB2-1		15.0	3	2.00
JQB2-2				1.50
JQB2-3				1.00
JQB2-4				0.50
JQB3-1		25.0	4	2.00
JQB3-2				1.50
JQB3-3				1.00
JQB3-4				0.50

试件编号	钢-混凝土界面类型	槽或筋间距/mm	钢板表面粗糙度编号	试验法向应力/MPa
JQB4-1	凹型界面	32.5	5	2.00
JQB4-2				1.50
JQB4-3				1.00
JQB4-4				0.50
JQC1-1	凸型界面	9.0	6	2.00
JQC1-2				1.50
JQC1-3				1.00
JQC1-4				0.50
JQC2-1		14.0	7	2.00
JQC2-2				1.50
JQC2-3				1.00
JQC2-4				0.50
JQC3-1		24.0	8	2.00
JQC3-2				1.50
JQC3-3				1.00
JQC3-4				0.50
JQC4-1		31.5	9	2.00
JQC4-2				1.50
JQC4-3				1.00
JQC4-4				0.50

3.2.4　试件加工

1. 钢板处理

钢板选用 40 号钢板,符合《优质碳素结构钢(GB/T 699—1999)》中的规定,钢板性能试验结果见表 3.2。

表 3.2　钢板性能试验结果

厚度 t/mm	弹性模量 E/GPa	泊松比 υ	屈服强度 f_y/MPa	极限强度 f_u/MPa
20	213.5	0.28	341	580

钢板表面用 60 目刚玉砂轮除去浮锈后,保留 4 组光板,其余按设计要求进行加工。开槽作业在工厂用数控铣床加工,铣刀精度控制在 0.1mm 量级,槽宽 5mm,槽深 2.5mm,槽底呈 90°尖角。加工成型的钢板表面平整度高,槽路一致,未开槽部分的表面粗糙度与光板一致。钢板开槽布置如图 3.4 所示。钢板焊钢筋布置如图 3.5 所示。

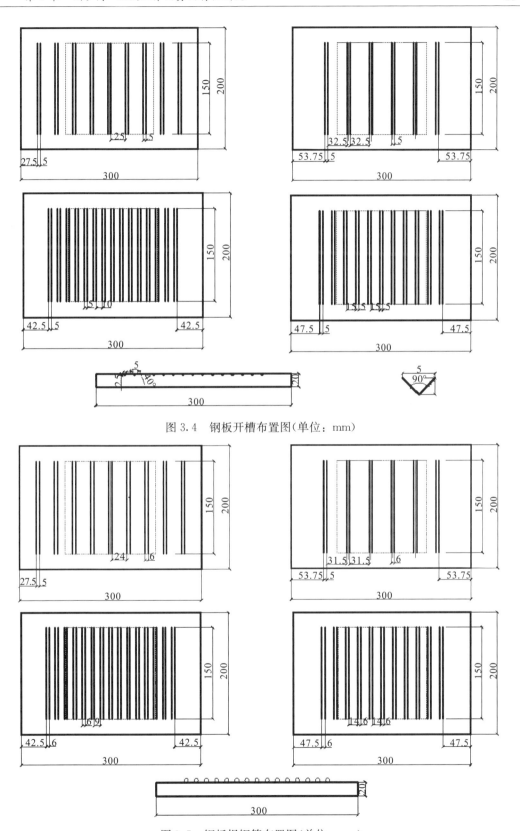

图 3.4　钢板开槽布置图(单位：mm)

图 3.5　钢板焊钢筋布置图(单位：mm)

2. 试件浇筑

由于前人所做推出试验得到了砂浆强度对黏结应力的回归公式，故本书试验中只考虑了 M40 这一种砂浆强度。

试件浇筑采用 150mm 标准可拆卸底板塑料试模，浇筑时将试模竖立于钢板上，向试模内灌注砂浆，人工振捣密实。剪切试验试件在实验室环境下养护 7 天，养护过程中妥善看管，避免扰动。

3.3　平型界面试件试验结果分析

3.3.1　荷载−位移关系

由表 3.1 可知，试件 JQA1-1、JQA1-2、JQA1-3 和 JQA1-4 的钢−混凝土界面为平型界面。图 3.6 给出了 4 个平型钢−混凝土界面试件试验测得的剪切荷载−位移关系曲线。

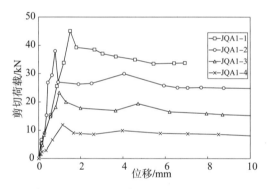

图 3.6　平型钢−混凝土界面试件 JQA1 组的剪切荷载−位移曲线

从图中可以看出，钢−混凝土界面上存在黏结力（如化学胶结力和机械咬合力等），但在剪切位移 0.5～1.0mm 范围内就遭到破坏，经历一个降幅在 20％左右的陡降段后，荷载−位移曲线进入摩阻段。摩阻段表现为近平直，这是因为在确定的法向应力下，摩擦强度仅与界面的摩擦系数有关[112]。试验结束后，观察剪切破坏面，发现各试件的剪切破坏面均为钢−混凝土界面。

前人研究表明，钢−混凝土界面的抗剪强度是由化学胶结力、机械咬合力和摩擦力 3 部分组成的。在剪切试验过程中，荷载−位移曲线可以近似地分成如下几个阶段：

（1）上升段。剪切试验进行初期，在法向荷载作用下，钢−混凝土界面接触紧密，剪应力值较小，只在加载端附近的界面上开始产生相对剪切位移，界面中部和远离加载端的界面上没有发生相对剪切位移。随着剪应力的不断增大，界面上加载端附近界面的相对剪切位移逐渐增大。钢−混凝土的相对滑移主要是界面层的剪切变形，且剪应力随界面层剪切变形的增大而增大。随着界面脱黏比例的增大，此阶段曲线的斜率呈下降趋势。从理论上分析，随着剪切应力的不断增大，界面上的破损层厚度、颗粒大小均发生改变，砂浆与钢板之间的压应力也随之改变[113]。这也是在试验过程中法向应力读数会有细微跳动的原因。界面层产生的微裂缝随剪应力的增大而发展，导致界面黏结滑移刚度开始退化。一旦界面层发生剪切破坏，钢－混凝土界面在整个传递长度上发生相对滑移，胶结力即全部丧失。此时，界面黏结力由机械咬合力和摩阻力承担，界面黏结应力达到局部黏结强度，剪应力达到极限值。化学胶结力的大小主要取决于水泥的强度、水灰比和钢材的性质等。

（2）下降段。随着剪切位移的不断增大，在微观起伏处，较硬微凸峰挤压较软微凸峰，使其发生断裂，较软面受到磨损而形成磨屑，且沉积在硬表面上，界面摩擦系数下降。软微凸峰不断断裂，磨屑越积越多，机械咬合力逐渐丧失，界面抗剪强度将转为由钢－混凝土间的摩擦力和残存的机械咬合力承担。随着滑移的增大，机械咬合力最终全部失效，界面上的抗剪强度全部由摩擦力承担。机械咬合力的损失是一个过程，在单次的剪切试验中这些微观的凹凸并没有被完全消除，这一点可以通过重复剪切试验得到验证。在 JQA1 组中，下降段仅出现在剪切荷载－位移曲线峰值点后 1mm 左右的范围内[114]，并不明显，这说明由于钢板表面比较平滑，机械咬合力在抗剪强度中所占的比重不大。

（3）平稳段。此阶段，钢－混凝土界面摩擦磨损已基本稳定，界面上的法向应力及由其引起的摩擦阻力接近恒值，剪切应力趋于稳定，剪切荷载－位移曲线接近为水平直线。

3.3.2　抗剪强度－法向应力关系

为了显示平型钢－混凝土界面抗剪强度随界面法向应力的变化情况，图 3.7 给出了试验测得的界面极限剪应力与界面法向应力的关系。图中，界面极限剪应力来源于图 3.6 中各剪切荷载－位移曲线的峰值点。

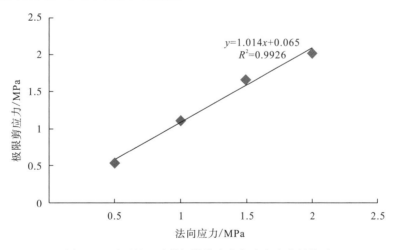

图 3.7　平型界面试件极限剪应力与法向应力的关系

从图 3.7 可以看出，在试验的法向应力范围内，平型钢－混凝土界面的抗剪强度随法向应力的增大而提高，且两者具有良好的线性关系。因此，平型钢－混凝土界面抗剪强度可用莫尔－库仑强度准则来描述：

$$\tau_u = c + \sigma \tan\varphi \tag{3.1}$$

式中，τ_u 为钢－混凝土界面抗剪强度；σ 为法向应力；c 为界面黏聚力；φ 为界面摩擦角。

由图 3.7 中的试验结果拟合直线可知，$c=0.065\mathrm{MPa}$，$\varphi=45.42°$。

3.3.3　界面摩擦强度

图 3.6 中所示荷载－位移曲线的第三段(即平稳段)表示了钢－混凝土界面剪切破坏后的界面抗剪强度，称为摩擦强度。表 3.3 给出了各试件的摩擦强度及依摩擦强度和法向应力计算得到的摩擦系数，为便于分析，表中同时列出了各试件的法向应力和极限剪应力。

表 3.3　平型界面 JQA1 组试件的摩擦强度

试件编号	法向应力/MPa	极限剪应力/MPa	摩擦强度/MPa	摩擦系数
JQA1-1	2.0	2.04	1.24	0.62
JQA1-2	1.5	1.65	1.16	0.77
JQA1-3	1.0	1.11	0.83	0.83
JQA1-4	0.5	0.53	0.50	0.99

由表 3.3 可知，平型钢－混凝土界面的摩擦强度为 0.50~1.24MPa，摩擦系数为 0.62~0.99。随界面法向应力的增大，界面摩擦强度呈增大变化，摩擦系数则呈减小变化。

3.4　凹型界面试件试验结果分析

3.4.1　界面破坏形态

图 3.8 所示为剪切试验结束后的钢板表面，剪切面位置与前述平型钢－混凝土界面试件剪切面位置基本一致，仍处于钢－混凝土交界处，但钢板表面凹槽内的混凝土被剪断，且被剪断处剪切面较为光滑。可见，剪切破坏是沿钢－混凝土界面发生的，试验结果完全可以反映钢－混凝土界面剪切破坏特性[115]。

图 3.8　凹型界面试件破坏形态

3.4.2 荷载－位移关系

由表 3.1 可知，试件 JQB1-1、JQB1-2、JQB1-3 和 JQB1-4 的钢－混凝土界面为凹型界面，且钢板表面凹槽间距为 10.0mm。图 3.9 给出了 JQB1 组 4 个凹型钢－混凝土界面试件试验测得的剪切荷载－位移关系曲线。

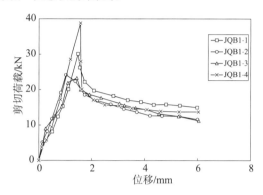

图 3.9　凹型钢－混凝土界面试件 JQB1 组（凹槽间距为 10.0mm）的剪切荷载－位移曲线

由图 3.9 可知，各试验曲线的变化特点基本相同。在剪切荷载达峰值前，剪切荷载随剪切位移增大几乎呈线性增大，剪切荷载达峰值后，随剪切位移增大迅速减小，然后缓慢减小至某稳定值。在剪切荷载达到极限荷载时，加载端的剪切位移为 2mm ±0.3mm。

由表 3.1 可知，试件 JQB2-1、JQB2-2、JQB2-3 和 JQB2-4 的钢－混凝土界面为凹型界面，且钢板表面凹槽间距为 15.0mm。图 3.10 给出了 JQB2 组 4 个凹型钢－混凝土界面试件试验测得的剪切荷载－位移关系曲线。由图可知，各试验曲线变化特点与 JQB1 组试件相同。

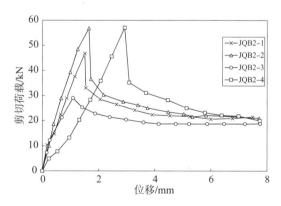

图 3.10　凹型钢－混凝土界面试件 JQB2 组（凹槽间距为 15.0mm）的剪切荷载－位移曲线

由表 3.1 可知，试件 JQB3-1、JQB3-2、JQB3-3 和 JQB3-4 的钢－混凝土界面为凹型界面，且钢板表面凹槽间距为 25.0mm。图 3.11 给出了 JQB3 组 4 个凹型钢－混凝土界面试件试验测得的剪切荷载－位移关系曲线。由图可知，各试验曲线变化特点与 JQB1 组试件基本相同。

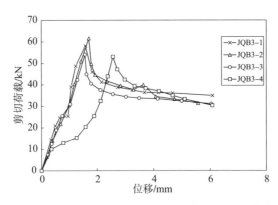

图 3.11 凹型钢－混凝土界面试件 JQB3 组(凹槽间距为 25.0mm)的剪切荷载－位移曲线

由表 3.1 可知，试件 JQB4-1、JQB4-2、JQB4-3 和 JQB4-4 的钢－混凝土界面为凹型界面，且钢板表面凹槽间距为 32.5mm。图 3.12 给出了 JQB4 组 4 个凹型钢－混凝土界面试件试验测得的剪切荷载－位移关系曲线。由图可知，各试验曲线变化特点与 JQB1 组试件相同。

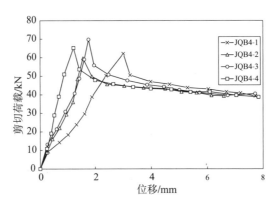

图 3.12 凹型钢－混凝土界面试件 JQB4 组(凹槽间距为 32.5mm)的剪切荷载－位移曲线

对比图 3.9～图 3.12 可以发现，相同槽间距(或界面粗糙度)情况下，随着法向应力的增大，极限剪应力增大，表明法向应力是影响界面抗剪强度的重要因素之一。

为了便于分析钢板表面粗糙度对凹型钢－混凝土界面抗剪强度的影响，表 3.4 列出了各试件的极限剪应力。表中，槽间距为 10.0mm、15.0mm、25.0mm 和 32.5mm 时，意味着在剪切区域内的凹槽数分别为 10 条、8 条、5 条和 4 条。由表可知，相同法向应力下，随着开槽条数的增加，极限剪应力增大，表明界面粗糙度也是影响界面抗剪强度的重要因素之一。

表 3.4　JQB 组试件测得的极限剪应力

试件编号	槽间距/mm	法向应力/MPa	极限剪应力/MPa
JQB1-1	10.0	2.0	3.17
JQB2-1	15.0	2.0	3.00
JQB3-1	25.0	2.0	2.79

试件编号	槽间距/mm	法向应力/MPa	极限剪应力/MPa
JQB4-1	32.5	2.0	2.73
JQB1-2	10.0	1.5	2.86
JQB2-2	15.0	1.5	2.73
JQB3-2	25.0	1.5	2.42
JQB4-2	32.5	1.5	2.38
JQB1-3	10.0	1.0	2.57
JQB2-3	15.0	1.0	2.59
JQB3-3	25.0	1.0	2.11
JQB4-3	32.5	1.0	1.75
JQB1-4	10.0	0.5	1.37
JQB2-4	15.0	0.5	1.40
JQB3-4	25.0	0.5	1.07
JQB4-4	32.5	0.5	1.32

3.4.3　抗剪强度－法向应力的关系

为了显示钢－混凝土界面抗剪强度随界面法向应力的变化情况，图3.13～图3.16分别给出了试件JQB1组、JQB2组、JQB3组和JQB4组试验测得的界面极限剪应力与界面法向应力的关系。图中，界面极限剪应力来源于图3.9～图3.12中各剪切荷载－位移曲线的峰值点，也就是表3.4中的极限剪应力。

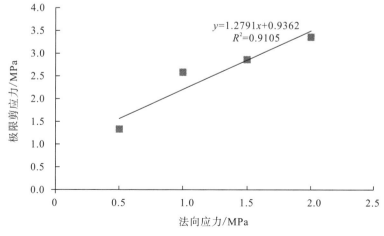

$y = 1.2791x + 0.9362$
$R^2 = 0.9105$

图 3.13　凹型界面试件 JQB1 组极限剪应力与法向应力的关系

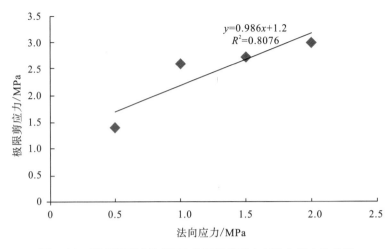

图 3.14　凹型界面试件 JQB2 组极限剪应力与法向应力的关系

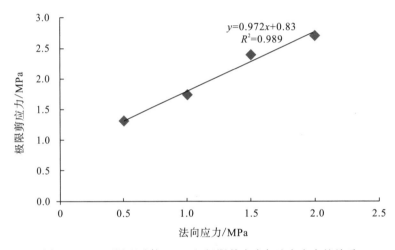

图 3.15　凹型界面试件 JQB3 组极限剪应力与法向应力的关系

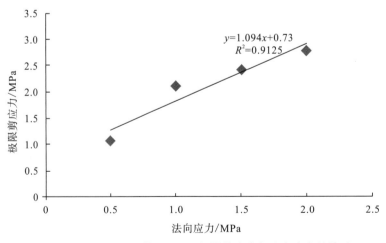

图 3.16　凹型界面试件 JQB4 组极限剪应力与法向应力的关系

从以上各图可知，在试验的法向应力范围内，凹型钢－混凝土界面的抗剪强度随法向应力的增大而提高，且两者具有良好的线性关系。因此，凹型钢－混凝土界面抗剪强度也可用式(3.1)所示的莫尔－库仑强度准则来描述。各组试件测得的界面抗剪强度指标值见表3.5。

表 3.5　凹型钢－混凝土界面的抗剪强度指标值

试件组编号	槽间距/mm	摩擦角/(°)	黏聚力/MPa
JQB1	10.0	52.00	0.94
JQB2	15.0	44.61	1.20
JQB3	25.0	44.21	0.83
JQB4	32.5	47.60	0.73

比较表3.5中的凹型界面JQB组试件抗剪强度指标值和前文平型界面JQA1组试件的抗剪强度指标值，可以发现，凹型钢－混凝土界面和平型钢－混凝土界面的摩擦角值相差不大，而凹型钢－混凝土界面的黏聚力值明显大于平型钢－混凝土界面的黏聚力值。主要原因是，凹型界面因钢板表面开槽增加了钢、混凝土两种材料接触面的面积，使两者的化学黏结作用体现得更为充分，而且钢板开槽后增加了混凝土锯齿的剪断破坏，混凝土本身的黏聚力值远大于钢－混凝土界面上的黏聚力值[116]。

3.4.4　界面摩擦强度

表3.6给出了各试件的摩擦强度及依摩擦强度和法向应力计算得到的摩擦系数，为便于分析，表中同时列出了各试件的法向应力。

表 3.6　凹型界面 JQB 组试件的摩擦强度

试件编号	槽间距/mm	法向应力/MPa	摩擦强度/MPa	摩擦系数
JQB1-1	10.0	2	1.66	0.83
JQB2-1	15.0	2	1.74	0.87
JQB3-1	25.0	2	1.75	0.88
JQB4-1	32.5	2	1.76	0.88
JQB1-2	10.0	1.5	1.34	0.89
JQB2-2	15.0	1.5	1.45	0.97
JQB3-2	25.0	1.5	1.33	0.88
JQB4-2	32.5	1.5	1.31	0.87
JQB1-3	10.0	1	0.90	0.90
JQB2-3	15.0	1	1.02	1.02
JQB3-3	25.0	1	0.89	0.89
JQB4-3	32.5	1	0.84	0.84
JQB1-4	10.0	0.5	0.64	1.28
JQB2-4	15.0	0.5	0.54	1.08
JQB3-4	25.0	0.5	0.49	0.97
JQB4-4	32.5	0.5	0.54	1.09

　　由表可知,凹型钢－混凝土界面的摩擦强度为 0.49~1.76MPa,摩擦系数为 0.83~
1.28。与前文平型钢－混凝土界面相比,凹型钢－混凝土界面的摩擦系数更大,这是因
为钢板表面开槽实际上是把钢板表面的微观起伏放大到宏观尺度。当槽间距或界面粗糙
度相同时,随界面法向应力的增大,摩擦系数减小,此与前文平型钢－混凝土界面摩擦
系数的变化特点相同;当界面法向应力相同时,摩擦系数随槽间距或界面粗糙度的变化
规律不明显[117]。

3.5　凸型界面试件试验结果及分析

3.5.1　界面破坏形态

　　图 3.17 所示为剪切试验结束后的试件混凝土表面,剪切面位置与前述平型钢－混凝
土界面试件剪切面位置基本一致,仍处于钢－混凝土交界处,但钢板表面凸棱间的混凝
土并没有被剪断。可见,凸型钢－混凝土界面剪切破坏也是沿钢－混凝土界面发生的,
试验结果完全可以反映钢－混凝土界面剪切破坏特性。

图 3.17　凸型界面试件破坏形态

3.5.2　荷载－位移关系

　　由表 3.1 可知,试件 JQC1-1、JQC1-2、JQC1-3 和 JQC1-4 的钢－混凝土界面为凸型
界面,且钢板表面凸棱或焊筋间距为 9.0mm。图 3.18 给出了 JQC1 组 4 个凸型钢－混凝
土界面试件试验测得的剪切荷载－位移关系曲线。由图可知,各试验曲线的变化特点基
本相同[118]。在剪切荷载达到峰值前,剪切荷载随剪切位移增大而快速增大,剪切荷载达
到峰值后,剪切荷载随剪切位移增大迅速减小,然后缓慢减小至某稳定值。在剪切荷载
达到极限值时,加载端的剪切位移为 2~4mm。

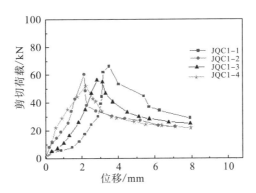

图 3.18 凸型钢－混凝土界面试件 JQC1 组(焊筋间距为 9.0mm)的剪切荷载－位移曲线

由表 3.1 可知,试件 JQC2-1、JQC2-2、JQC2-3 和 JQC2-4 的钢－混凝土界面为凸型界面,且钢板表面凸棱或焊筋间距为 14.0mm。图 3.19 给出了 JQC2 组 4 个凸型钢－混凝土界面试件试验测得的剪切荷载－位移关系曲线。由图可知,各试验曲线变化特点与 JQC1 组试件基本相同。

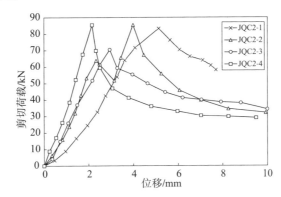

图 3.19 凸型钢－混凝土界面试件 JQC2 组(焊筋间距为 14.0mm)的剪切荷载－位移曲线

由表 3.1 可知,试件 JQC3-1、JQC3-2、JQC3-3 和 JQC3-4 的钢－混凝土界面为凸型界面,且钢板表面凸棱或焊筋间距为 24.0mm。图 3.20 给出了 JQC3 组 4 个凸型钢－混凝土界面试件试验测得的剪切荷载－位移关系曲线。由图可知,各试验曲线变化特点与 JQC1 组试件基本相同。

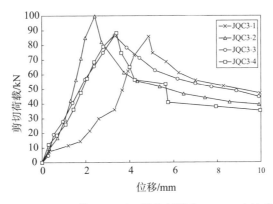

图 3.20 凸型钢－混凝土界面试件 JQC3 组(焊筋间距为 24.0mm)的剪切荷载－位移曲线

由表 3.1 可知，试件 JQC4-1、JQC4-2、JQC4-3 和 JQC4-4 的钢-混凝土界面为凸型界面，且钢板表面凸棱或焊筋间距为 31.5mm。图 3.21 给出了 JQC4 组 4 个凸型钢-混凝土界面试件试验测得的剪切荷载-位移关系曲线。由图可知，各试验曲线变化特点与 JQC1 组试件基本相同。

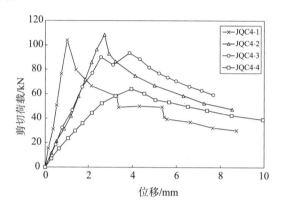

图 3.21　凸型钢-混凝土界面试件 JQC4 组（焊筋间距为 31.5mm）的剪切荷载-位移曲线

对比图 3.18～图 3.21 可以发现，相同焊筋间距（或界面粗糙度）情况下，随着法向应力的增大，极限剪应力增大，这表明法向应力是影响界面抗剪强度的重要因素之一。

为了便于分析钢板表面粗糙度对凸型钢-混凝土界面抗剪强度的影响，表 3.7 列出了各试件的极限剪应力。表中，焊筋间距为 9.0mm、14.0mm、24.0mm 和 31.5mm 时，意味着在剪切区域内的焊筋数分别为 10 条、8 条、5 条和 4 条。由表可知，相同法向应力下，随着焊筋条数的增加，极限剪应力总体上呈增大变化，表明界面粗糙度也是影响界面抗剪强度的重要因素之一[119]。

表 3.7　JQC 组试件测得的极限剪应力

试件编号	焊筋间距/mm	法向应力/MPa	极限剪应力/MPa
JQC1-1	9.0	2.0	4.65
JQC2-1	14.0	2.0	4.86
JQC3-1	24.0	2.0	4.19
JQC4-1	31.5	2.0	2.91
JQC1-2	9.0	1.5	4.48
JQC2-2	14.0	1.5	3.82
JQC3-2	24.0	1.5	3.89
JQC4-2	31.5	1.5	4.00
JQC1-3	9.0	1.0	3.84
JQC2-3	14.0	1.0	3.14
JQC3-3	24.0	1.0	3.83
JQC4-3	31.5	1.0	3.76
JQC1-4	9.0	0.5	3.65
JQC2-4	14.0	0.5	2.68
JQC3-4	24.0	0.5	2.58
JQC4-4	31.5	0.5	2.35

3.5.3　抗剪强度－法向应力的关系

为了显示钢－混凝土界面抗剪强度随界面法向应力的变化情况，图 3.22～图 3.25 分别给出了试件 JQC1 组、JQC2 组、JQC3 组和 JQC4 组试验测得的界面极限剪应力与界面法向应力的关系。图中，界面极限剪应力来源于图 3.18～图 3.21 中各剪切荷载－位移曲线的峰值点，也就是表 3.7 中的极限剪应力。

从以上各图可知，在试验的法向应力范围内，凸型钢－混凝土界面的抗剪强度随法向应力的增大而提高[120]，除 JQC4 组试件外两者具有良好的线性关系。因此，凸型钢－混凝土界面抗剪强度也可用式(3.1)所示的莫尔－库仑强度准则来描述。

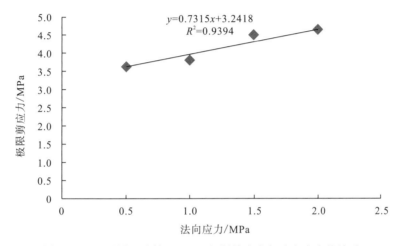

图 3.22　凸型界面试件 JQC1 组极限剪应力与法向应力的关系

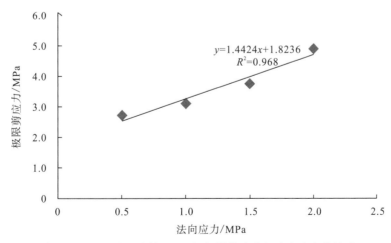

图 3.23　凸型界面试件 JQC2 组极限剪应力与法向应力的关系

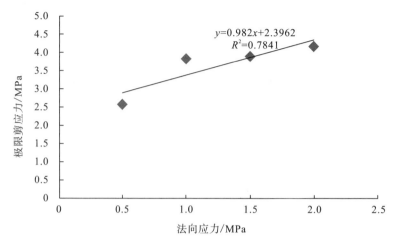

图 3.24　凸型界面试件 JQC3 组极限剪应力与法向应力的关系

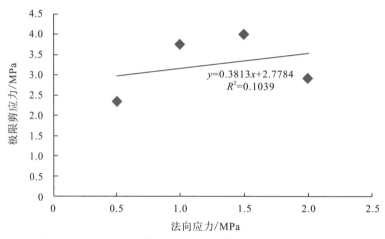

图 3.25　凸型界面试件 JQC4 组极限剪应力与法向应力的关系

3.6　钢－混凝土界面剪切特性描述

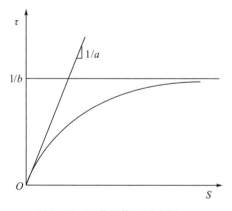

图 3.26　双曲线模型示意图

　　从前文各组钢－混凝土界面试件试验结果可以看出，钢－混凝土界面的剪切荷载随相对剪切位移的增大而增大，当剪切位移增大到一定值时，剪切荷载达到峰值，峰值后剪切荷载在很小的一段位移下有较大减小后趋于稳定，剪切荷载－位移曲线未出现明显的应变软化现象[121]。综合现有相关研究成果，笔者认为钢－混凝土界面剪切荷载和位移的关系可用近似用如图 3.26 所示的双曲线模型模拟[122]。

　　双曲线模型的数学表达式为

$$\tau = \frac{s}{a+bs} \qquad (3.2)$$

式中，τ 为界面剪应力；s 为剪切位移；a、b 为试验参数。

试验参数 a、b 可通过拟合试验结果得到[123]。式(3.2)可改写为

$$\frac{s}{\tau} = a + bs \tag{3.3}$$

可见，在 s/τ-s 坐标系中，剪应力与剪切位移的关系曲线则可近似转化成直线，其中 a 为直线的截距，b 为直线的斜率。

下面仅以 JQA1 组试件为例，说明用双曲线模型描述钢－混凝土界面剪切特性的合理性[124]。图 3.27 所示为在 s/τ-s 坐标系中重新绘制的 JQA1 组试验曲线。

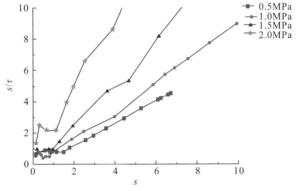

图 3.27　JQA1 组试件测得的 s/τ-s 曲线

表 3.8 列出了双曲线模型中试验参数 a、b 的拟合值以及相关系数。

表 3.8　JQA1 组试件双曲线模型拟合方程和试验参数

法向应力/MPa	线性拟合方程	判定系数	a	b
0.5	$\dfrac{s}{\tau}=0.20284+0.62407s$	$R^2=0.9767$	0.20284	0.62407
1.0	$\dfrac{s}{\tau}=0.033387+0.87956s$	$R^2=0.9938$	0.03387	0.87956
1.5	$\dfrac{s}{\tau}=-0.13645+1.40938s$	$R^2=0.99$	-0.13645	1.40938
2.0	$\dfrac{s}{\tau}=0.11545+2.57091s$	$R^2=0.9894$	0.11545	2.57091

图 3.28 给出了 JQA1 组试件的试验曲线与拟合曲线。可见，用双曲线模型描述试验曲线总体上是可行的，但试验曲线上峰值点附近的拟合值与试验值相差较大。

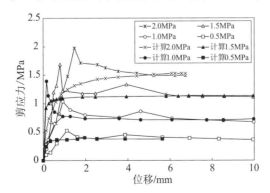

图 3.28　JQA1 组试件试验曲线与拟合曲线对比

3.7　本章小结

本章通过室内试验研究了钢-混凝土界面的剪切荷载学特性，主要工作和认识如下：

(1)考虑界面粗糙度、法向应力等参数的影响，共制作了 36 个剪切试件，模拟不同法向荷载作用下钢-混凝土界面黏结应力的变化规律[125]。

(2)基于剪切试验成果分析，认为钢-混凝土界面抗剪强度特性可用莫尔-库仑准则表述。

(3)基于试验曲线形态和界面破坏模式分析，得出界面剪应力-位移关系可用双曲线模型模拟，并通过对比分析验证了模拟结果的可靠性[126]。

第4章　钢护筒－地基土体界面力学特性研究

4.1　引　　言

大直径钢护筒嵌岩桩钢护筒的内侧面与钢筋混凝土接触，外侧与地基土和基岩接触。钢护筒与钢筋混凝土接触界面的力学特性已在第3章进行了研究。施工工艺决定了钢护筒嵌入基岩的深度很有限，但必须穿过全部地基土体。钢护筒与地基土体接触界面(以下简称钢－土界面)的力学特性对大直径钢护筒嵌岩桩的承载性状必然产生影响，因此，本章研究钢－土界面的力学特性。

地基土体与钢护筒两种材料在刚度与强度等力学特性方面差别很大，在外荷载作用下，地基土体与钢护筒之间除力的传递外，还有可能产生相对位移等非连续变形行为。因此，仅仅单纯地考虑地基土体与钢护筒各自的特性是不够的，需要对两者接触面的力学特性进行分析。

砂岩、泥岩及砂泥岩互层的地质条件在长江中上游地区分布非常广泛，许多码头岸坡的天然土体和人工回填土体的物质组成以砂岩颗粒、泥岩颗粒或砂泥岩颗粒混合体为主(本书统称为砂泥岩颗粒混合土体)。本章以砂泥岩颗粒混合土体为典型码头岸坡土体，研究其与钢护筒接触界面的力学特性。

4.2　影响钢－土界面特性的主要因素

影响钢－土界面力学特性的因素众多，主要归为如下4类：

(1)地基土体性质，如土体的类型、密实度、含水量等。

(2)钢护筒性质，如钢护筒材质等。

(3)界面性质，如界面的粗糙度等。

(4)试验条件，如试验方法、试样尺寸、剪切速率等。

在实际工程中，钢护筒外表面通常仅进行防腐处理，而不进行粗糙度处理，因此，本书研究中也忽略钢护筒粗糙度对钢－土界面力学特性的影响。

4.3　试验方法及试验仪器

4.3.1　试验方法

接触面力学实验的方法主要有直剪试验[127－135]、单剪试验[136－144]、环剪试验[145－151]、拉拔[152-155]或现场足尺试验[156,157]等。本书选用直剪试验方法，研究钢-土界面的力学特性。

4.3.2　试验仪器

试验涉及两套试验仪器：一套是根据室内直剪试验原理，自行设计制作一套简易的直剪试验装置；另一套是改进 ZJ 型土工直剪仪。

1.　简易直剪试验装置

该试验装置(图 4.1 和 4.2)由可更换的钢板、反力支架、反力底座、试样盒、油压千斤顶、荷重传感器、位移传感器、数据采集系统及加压砝码等组成。试样盒内土样尺寸为 15cm×15cm×10cm；钢板采用 Q235 钢材，尺寸为 50cm×50cm，厚度为 1cm。由于钢板的面积大于试样的面积，可保证在剪切试验过程中剪切面积(15cm×15cm)保持不变，使剪切变形始终发生在钢板与土体接触面。为了减小剪切过程中钢板与试样盒之间的摩擦对试验结果产生的影响，在每次试验开始前均在钢板与试样盒接触部位涂抹凡士林。

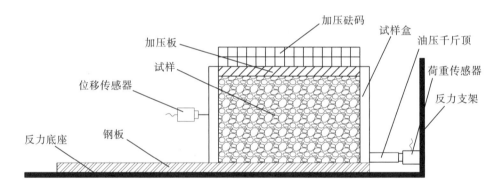

图 4.1　简易直剪试验装置示意图

图 4.2　简易直剪试验装置照片

法向压力通过堆载砝码实现，试验中分别施加 30kPa、40kPa、50kPa、60kPa 4 级压力；水平推力通过 RC-1050 油压千斤顶施加，千斤顶量程为 10t，工作行程为 50mm，本身高为 96mm，伸长总高为 146mm，主轴具有自动回缩功能。

2. 改进直剪仪

现有 ZJ 型应变控制式土工直剪仪试样：直径为 6.14cm、高为 2cm 的圆柱体，可施加法向应力为 100kPa、200kPa、300kPa、400kPa。水平剪切速度有快剪、慢剪两个挡位，本书选用快剪。为满足本书研究钢−土界面特性的要求，对该仪器进行如下改进：在上下剪切盒间放置厚 3mm、大小与剪切盒断面面积相同的 Q235 钢板；为保证试验中钢板与下剪切盒无相对位移，在钢板上开孔，并通过销钉固定于下剪切盒上，如图 4.3 所示。

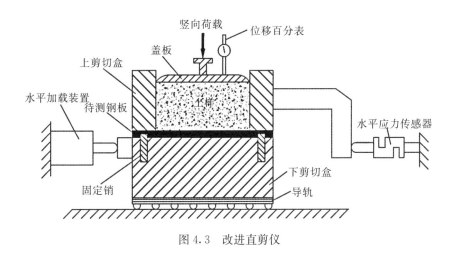

图 4.3　改进直剪仪

4.4　试验方案及试验土料

4.4.1　简易直剪试验方案

本书采用两套试验仪器，由于两套仪器的试样尺寸不同，因此试验方案也不尽相同。针对简易直剪试验装置，试验方案如下。

1. 土体颗粒级配

试验土体为砂泥岩颗粒混合土体。为了研究土体颗粒粒径分布对钢−土界面特性的影响，共考虑了 5 种颗粒级配，最大颗粒粒径为 20mm，如图 4.4 所示。其中，设计级配 1、设计级配 2 和设计级配 3 为良好级配，设计级配 4 和设计级配 5 为不良级配。

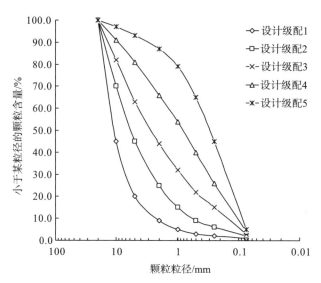

图 4.4   简易直剪试验土体颗粒级配曲线

2. 土体砂、泥岩颗粒含量

实际工程的码头岸坡砂、泥岩颗粒混合土体中[158-163]，砂岩颗粒与泥岩颗粒的含量比例可能是任意的，为了研究砂岩颗粒或泥岩颗粒含量对钢－土界面特性的影响，试验土体共考虑了 6 种砂、泥岩颗粒含量，即试验土体中砂岩颗粒与泥岩颗粒的质量比分别为 10∶0、8∶2、6∶4、4∶6、2∶8 和 0∶10。其中，砂岩颗粒与泥岩颗粒的质量比为 10∶0 时，试验土体为纯砂岩颗粒料；砂岩颗粒与泥岩颗粒的质量比为 0∶10 时，试验土体为纯泥岩颗粒料。

3. 试样密实度

为了研究试验土体的密实程度对钢－土界面特性的影响[164]，试验中考虑了 4 种不同干密度的试样，即试样干密度分别为 1.80g/cm^3、1.85g/cm^3、1.90g/cm^3 和 2.00g/cm^3。

4. 试样含水率

为了研究试验土体的含水程度对钢－土界面特性的影响[165]，试验中考虑了 6 种不同含水率的试样，即试样含水率分别为 0.0%、3.9%、7.8%、9.0%、11.7% 和 15.59%。其中，含水率为 15.59% 时试样处于饱和状态。

试验中，为了通过尽量少的试验组数查明各因素对钢－土界面力学特性的影响，根据重庆港果园码头施工现场实际地质情况，选用设计级配 3，砂、泥岩颗粒含量 8∶2，试样密实度 1.90g/cm^3，试样含水率 9.0% 为试验的基本方案，其他试验方案在基本方案的基础上改变一个因素得到。试验方案共 18 个，详见表 4.1。

表 4.1　简易直剪试验方案表

研究因素	试验方案编号	颗粒级配	砂、泥岩颗粒含量	含水率/%	干密度/(g/cm³)
	1	设计级配 1	8：2	9.0	1.9
	2	设计级配 2	8：2	9.0	1.9
颗粒级配	3*	设计级配 3	8：2	9.0	1.9
	4	设计级配 4	8：2	9.0	1.9
	5	设计级配 5	8：2	9.0	1.9
	6	设计级配 3	8：2	0.0	1.9
	7	设计级配 3	8：2	3.9	1.9
含水率	8	设计级配 3	8：2	7.8	1.9
	9	设计级配 3	8：2	11.7	1.9
	10	设计级配 3	8：2	15.59	1.9
	11	设计级配 3	10：0	9.0	1.9
	12	设计级配 3	6：4	9.0	1.9
砂、泥岩颗粒含量	13	设计级配 3	4：6	9.0	1.9
	14	设计级配 3	2：8	9.0	1.9
	15	设计级配 3	0：10	9.0	1.9
	16	设计级配 3	8：2	9.0	1.8
干密度	17	设计级配 3	8：2	9.0	1.85
	18	设计级配 3	8：2	9.0	2.0

注：表中标注 "＊" 的为基本试验方案。

4.4.2　改进直剪试验方案

1. 土体颗粒级配

共考虑了 5 种颗粒级配，最大颗粒粒径为 2mm，如图 4.5 所示。其中，A1 和 A2 为良好级配，A3、A4 和 A5 为不良级配。

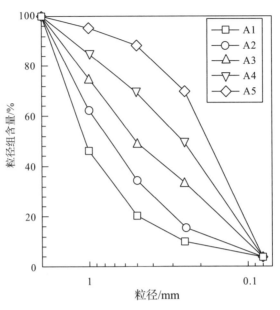

图 4.5 改进直剪试验土体颗粒级配曲线

2. 土体砂、泥岩颗粒含量

共考虑了 6 种砂、泥岩颗粒含量，即试验土体中砂岩颗粒与泥岩颗粒的质量比分别为 $10:0$、$8:2$、$6:4$、$4:6$、$2:8$ 和 $0:10$。

3. 试样干密度

共考虑了 4 种试样干密度，即 $1.75g/cm^3$、$1.80g/cm^3$、$1.85g/cm^3$ 和 $1.90g/cm^3$。

4. 试样含水率

共考虑了 4 种试样含水率，即 4.0%、8.0%、12.0% 和 17.0%。

试验中，选用颗粒级配 A2，砂、泥岩颗粒含量 $0:10$，干密度 $1.85g/cm^3$，含水率 8.0% 为基本方案，其他试验方案在基本方案的基础上改变一个因素得到。试验方案共 16 个，详见表 4.2。

表 4.2 改进直剪试验方案表

研究因素	试验方案编号	颗粒级配	砂、泥岩颗粒含量	含水率/%	干密度/(g/cm^3)
	A	A1	$0:10$	8.0	1.85
	B*	A2	$0:10$	8.0	1.85
颗粒级配	C	A3	$0:10$	8.0	1.85
	D	A4	$0:10$	8.0	1.85
	E	A5	$0:10$	8.0	1.85

研究因素	试验方案编号	颗粒级配	砂、泥岩颗粒含量	含水率/%	干密度/(g/cm³)
砂、泥岩颗粒含量	F	A2	10：0	8.0	1.85
	G	A2	8：2	8.0	1.85
	H	A2	6：4	8.0	1.85
	I	A2	4：6	8.0	1.85
	J	A2	2：8	8.0	1.85
含水率	K	A2	0：10	4.0	1.85
	L	A2	0：10	12.0	1.85
	M	A2	0：10	17.0	1.85
干密度	N	A2	0：10	8.0	1.75
	O	A2	0：10	8.0	1.80
	P	A2	0：10	8.0	1.90

注：表中标注"＊"的为基本试验方案。

4.4.3　试验土料制备

试验土料为砂、泥岩颗粒混合料，由现场采取的弱风化砂岩和泥岩块体人工破碎而成。破碎前，通过室内岩石力学试验，测试了弱风化砂岩和泥岩的单轴抗压强度，结果表明，砂岩的天然状态单轴抗压强度为 60.0~72.2MPa，饱和单轴抗压强度为 60.0~67.4MPa；泥岩的天然状态单轴抗压强度为 17.6~25.8MPa，饱和单轴抗压强度为 8.3~15.0MPa。显然，砂岩的单轴抗压强度明显高于泥岩。

试验土料的制备步骤如下：

(1)人工破碎弱风化砂、泥岩块体，即通过人力将大块完整的原岩破碎成粒径小于110mm 的碎石，人工破碎后的砂岩和泥岩碎石如图 4.6 所示。

(a)砂岩碎石　　　　　　　　　　　　　　　　(b)泥岩碎石

图 4.6　人工破碎后的砂岩和泥岩碎石

(2)采用小型岩石破碎机进一步破碎砂岩和泥岩碎石，通过调整破碎机出料粒度，使砂岩和泥岩碎石进一步破碎为粒径不大于 20mm 的颗粒，经岩石破碎机破碎后的砂岩颗粒和泥岩颗粒如图 4.7 所示。

(a)砂岩颗粒　　　　　　　　　　　　　　　(b)泥岩颗粒

图 4.7　破碎机破碎后的砂岩颗粒和泥岩颗粒

(3)利用圆孔标准筛，把砂岩颗粒和泥岩颗粒筛分为不同粒组，选用标准筛系的孔径为 20mm、10mm、5mm、2mm、1mm、0.5mm、0.25mm 和 0.075mm。

(4)根据拟采用试验土料的颗粒级配曲线和砂、泥岩颗粒含量，配置试验土料。

4.5　试 验 结 果

4.5.1　简易直剪试验结果

1. 应力−位移关系

共 18 个试验方案(详见表 4.1)。试验中，方案 1 和方案 3 分别施加 30kPa、40kPa、50kPa、60kPa、70kPa 5 级法向应力，其他方案分别施加 30kPa、40kPa、50kPa、60kPa 4 级法向应力。各级法向应力下各试验方案的接触面剪应力与剪切位移的关系曲线如图4.8 所示。

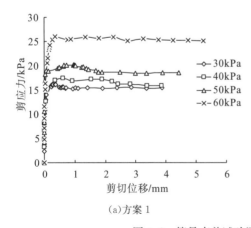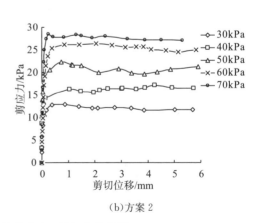

(a)方案 1　　　　　　　　　　　　　　　(b)方案 2

图 4.8　简易直剪试验测得的剪应力−剪切位移曲线

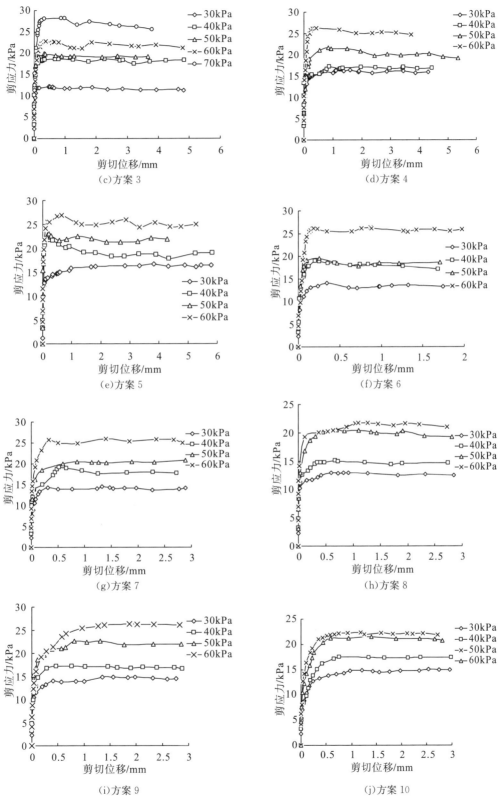

图 4.8 （续）

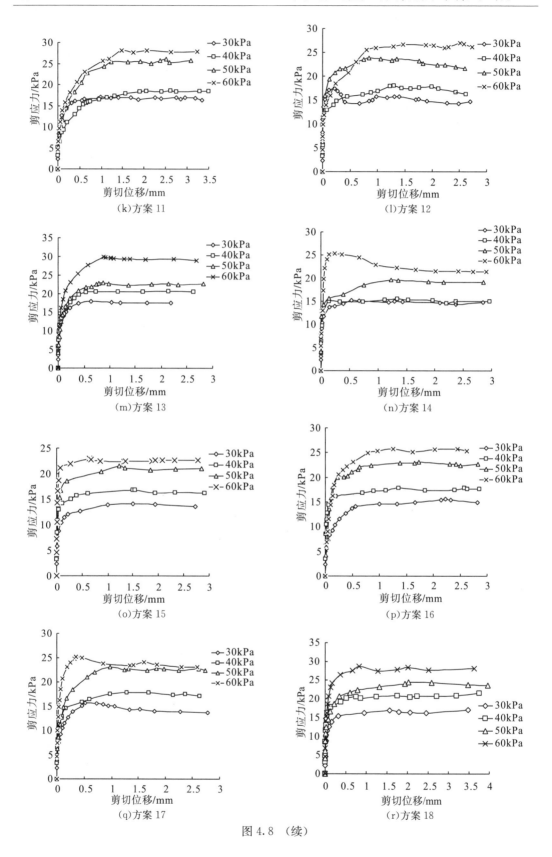

图 4.8 （续）

由图 4.8 可知，在某一级法向应力作用下，剪应力随相对剪切位移的增大总体呈增大变化。在剪切的初始阶段，剪应力随相对剪切位移增大迅速增大；随相对剪切位移的增大，剪应力增大的速率逐渐变小，剪应力－位移曲线逐渐平缓；剪应力缓慢增至最大值，峰值过后剪切荷载有所减小并达到稳定；剪应力－剪切位移曲线未出现明显的变化，相对剪切位移继续发展，而剪应力基本保持不变，表明钢－土接触面在剪应力作用下已发生剪切破坏。接触面的剪应力随法向应力的增大而增大，相对剪切位移相同时，法向应力越大则剪应力越大。

2. 抗剪强度－法向应力关系

图 4.8 中各剪应力－剪切位移曲线的极限剪应力(峰值点)可认为是钢－土界面的抗剪强度，为便于分析，表 4.3 列出了各试验方案的法向应力和与之对应的抗剪强度。

表 4.3　简易直剪试验测得的钢－土界面抗剪强度　　　　　单位：kPa

试验方案	抗剪强度				
	30kPa	40kPa	50kPa	60kPa	70kPa
1	12.94	17.18	22.37	26.37	28.46
2	16.15	17.46	20.18	25.95	—
3	12.20	18.64	19.86	22.86	28.14
4	16.24	17.18	21.73	26.30	—
5	16.61	22.28	23.07	26.94	—
6	17.88	20.60	22.97	29.85	—
7	14.12	16.86	21.50	22.93	—
8	15.64	17.88	23.09	25.74	—
9	15.69	17.81	23.07	25.14	—
10	17.12	21.57	24.50	28.65	—
11	14.07	19.03	19.54	26.41	—
12	14.51	19.15	20.88	25.90	—
13	12.96	15.11	20.48	21.77	—
14	14.88	17.23	22.70	26.30	—
15	15.02	17.51	21.52	22.31	—
16	17.02	18.57	26.07	28.14	—
17	17.44	18.02	23.87	27.01	—
18	15.20	15.50	19.61	25.37	—

为了更加清楚地显示抗剪强度与法向应力的关系，图 4.9 给出了简易直剪试验测得的极限剪应力与法向应力的关系曲线。

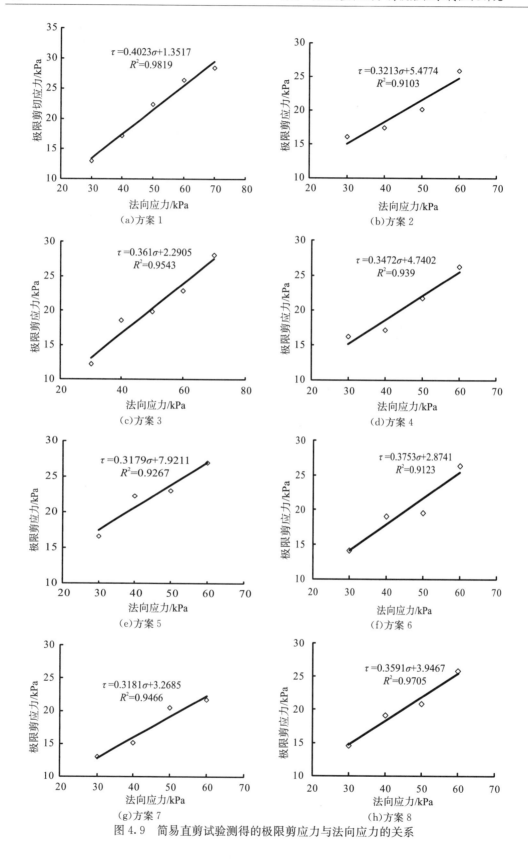

图 4.9　简易直剪试验测得的极限剪应力与法向应力的关系

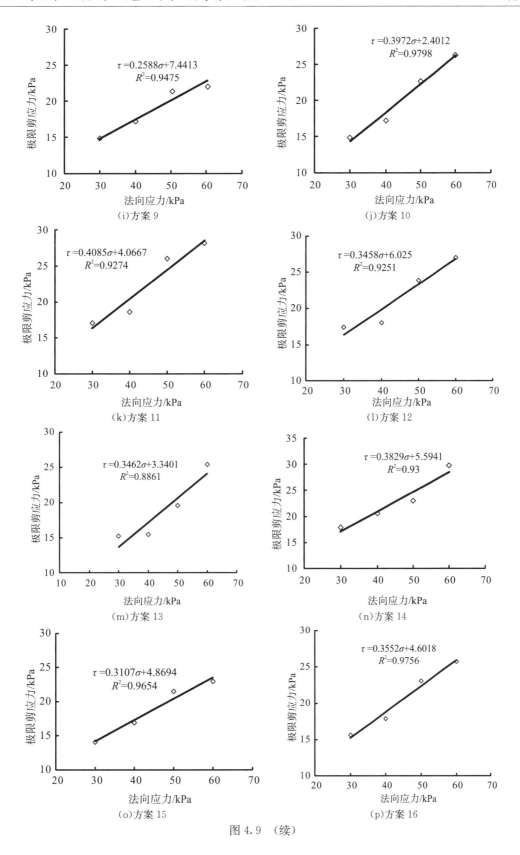

图 4.9　（续）

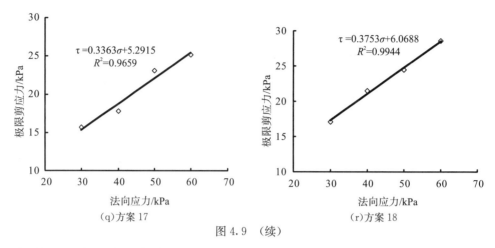

图 4.9　（续）

由图 4.9 可知，在试验采用的法向应力范围内，钢－土界面的抗剪强度随法向应力的增大而提高，两者具有良好的线性关系。因此，钢－土界面的抗剪强度可用莫尔－库仑强度准则来描述，即

$$\tau_f = c + \sigma \tan\varphi \tag{4.1}$$

式中，τ_f 为钢－土界面抗剪强度；σ 为法向应力；c 为界面黏聚力；φ 为界面摩擦角。

根据图 4.9 中各拟合直线，可得钢－土界面抗剪强度指标 c、φ 值，汇总于表 4.4。

表 4.4　简易直剪试验测得的钢－土界面抗剪强度指标值

试验方案	钢－土界面抗剪强度指标	
	界面黏聚力 c/kPa	界面摩擦角 φ/(°)
1	1.35	24.38
2	5.48	19.07
3	2.29	21.63
4	4.74	20.73
5	7.92	18.85
6	5.59	23.08
7	4.87	18.40
8	4.60	21.25
9	5.29	20.03
10	6.07	22.57
11	2.87	22.57
12	3.95	21.51
13	3.27	18.87
14	2.40	24.04
15	7.44	15.17
16	4.07	24.80
17	6.03	20.64
18	3.34	20.67

由表可知，钢－土界面抗剪强度指标界面黏聚力 c 为 $1.35 \sim 7.92 \mathrm{kPa}$，界面摩擦角 φ 为 $15.17° \sim 24.8°$。

4.5.2　改进直剪试验结果

1. 应力－位移关系

共 16 个试验方案（详见表 4.2），每个方案 4 个试样，法向应力分别为 $100 \mathrm{kPa}$、$200 \mathrm{kPa}$、$300 \mathrm{kPa}$ 和 $400 \mathrm{kPa}$。各级法向应力下各试验方案的钢－土面剪应力与剪切位移的关系曲线如图 4.10 所示。

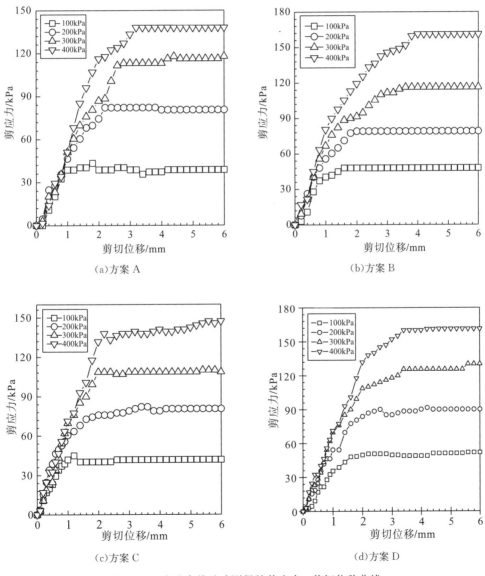

图 4.10　改进直剪试验测得的剪应力－剪切位移曲线

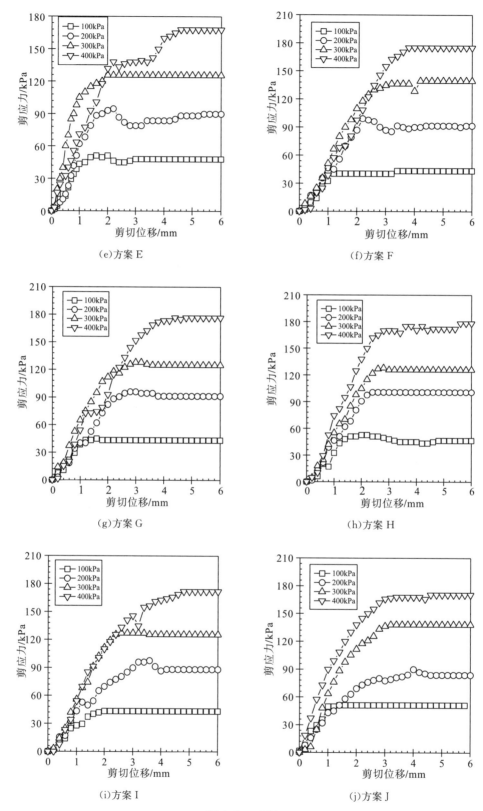

图 4.10 （续）

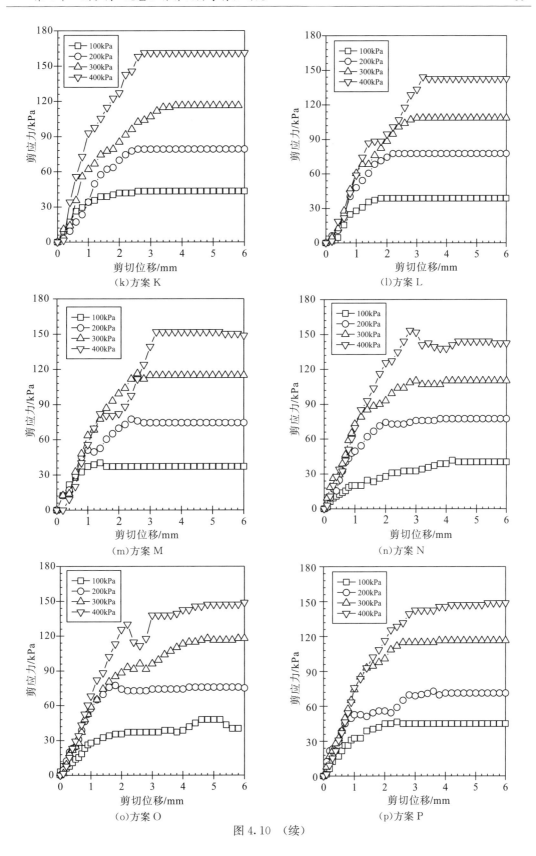

图 4.10　（续）

由图 4.10 可知，剪应力－相对剪切位移曲线变化特点与前述简易直剪试验结果类似，即在某一级法向应力作用下，剪应力随相对剪切位移的增大而增大；在剪切的初始阶段，剪应力迅速增大；随相对剪切位移的增大，剪应力增大的速率逐渐减小，曲线逐渐平缓，剪应力缓慢增至最大值，并趋于稳定；曲线未出现明显的应变软化现象，相对剪切位移继续发展，而剪应力基本保持不变，说明钢－土接触面在剪应力作用下已经发生剪切破坏。

2. 抗剪强度－法向应力关系

图 4.10 中各曲线的极限剪应力可认为是钢－土界面的抗剪强度，为便于分析，表 4.5 列出了各试验方案的法向应力和与之对应的抗剪强度。

表 4.5　改进直剪试验测得的钢－土界面抗剪强度　　　　　　　　　单位：kPa

试验方案	抗剪强度			
	100kPa	200kPa	300kPa	400kPa
A	38.75	80.60	116.25	137.95
B	48.05	79.05	116.25	161.20
C	41.85	80.60	108.50	147.25
D	51.93	89.90	130.20	161.20
E	48.05	89.90	125.50	168.00
F	43.40	91.45	139.50	175.15
G	43.40	91.45	125.00	176.70
H	46.50	100.75	126.00	178.25
I	48.50	88.35	125.55	172.05
J	51.15	83.70	137.95	170.50
K	43.40	79.05	116.25	161.20
L	38.75	77.50	108.50	142.60
M	37.20	74.40	114.70	148.80
N	39.00	77.50	110.05	145.10
O	43.00	75.95	117.80	150.00
P	51.50	71.30	116.25	160.00

为更加清楚地显示抗剪强度与法向应力的关系，图 4.11 给出了改进直剪试验测得的极限剪应力与法向应力的关系曲线。

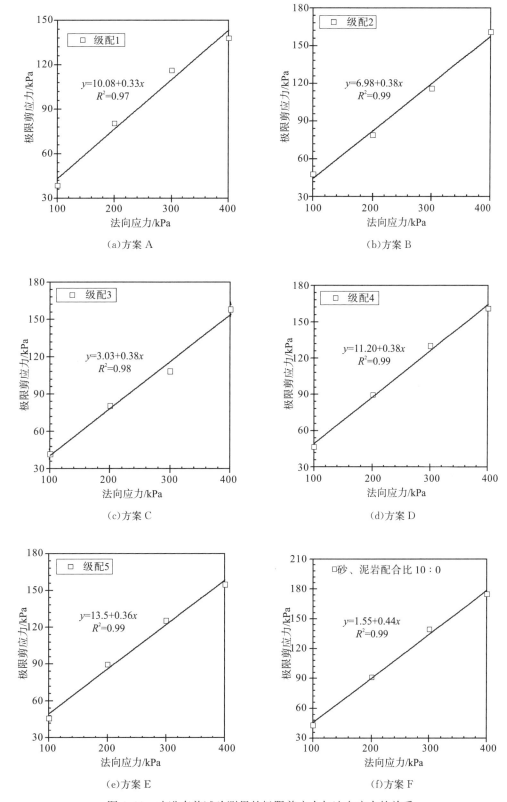

图 4.11　改进直剪试验测得的极限剪应力与法向应力的关系

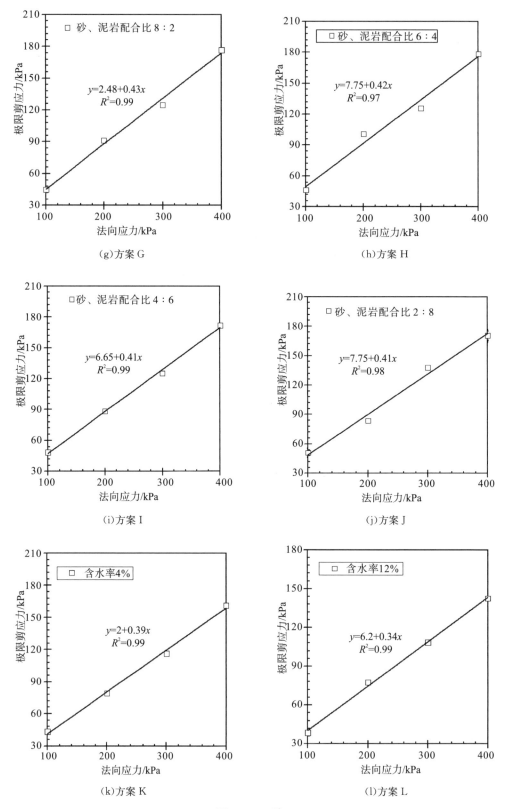

(g)方案 G

(h)方案 H

(i)方案 I

(j)方案 J

(k)方案 K

(l)方案 L

图 4.11 （续）

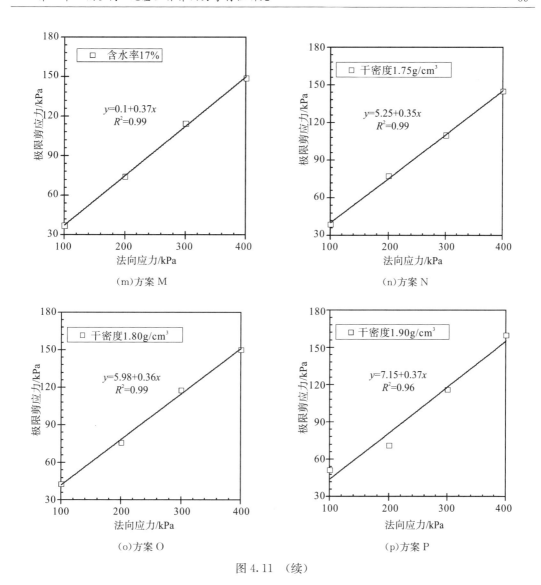

图 4.11　（续）

由图 4.11 可知，改进直剪试验测得的钢-土界面抗剪强度与法向应力也具有良好的线性关系，因此，也可用式(4.1)所示的莫尔-库仑强度准则来描述。

根据图 4.11 中各拟合直线，可得钢-土界面抗剪强度指标 c、φ 值，汇总于表 4.6。

表 4.6　改进直剪试验测得的钢-土界面抗剪强度指标值

试验方案	钢-土界面抗剪强度指标	
	界面黏聚力 c/kPa	界面摩擦角 φ/(°)
A	10.08	18.27
B	6.98	20.82
C	8.53	18.79
D	16.28	19.81

试验方案	钢－土界面抗剪强度指标	
	界面黏聚力 c/kPa	界面摩擦角 φ/(°)
E	9.00	21.81
F	1.55	23.76
G	0.78	23.28
H	7.75	22.79
I	6.65	22.30
J	7.75	22.30
K	2.00	21.32
L	6.20	18.79
M	0.10	20.31
N	5.25	19.30
O	5.98	19.81
P	7.15	20.31

由表可知，钢土界面抗剪强度指标界面黏聚力 c 为 0.1~16.28kPa，界面摩擦角 φ 为 18.27°~23.76°。

4.6　钢－土界面抗剪强度指标影响因素分析

本书重点研究土体特性对钢－土界面抗剪强度特性的影响问题，下面分别依据简易直剪试验结果和改进直剪试验结果分析土体特性对钢－土界面抗剪强度指标界面摩擦角 φ 和界面黏聚力 c 的影响。

4.6.1　简易直剪试验

1. 土体颗粒级配的影响

由表 4.1 可知，试验方案 1~5 用于研究砂、泥岩混合料颗粒级配对钢－土界面抗剪强度的影响。图 4.12 给出了钢－土界面抗剪强度指标界面黏聚力 c 与土体颗粒级配特征指标的关系。图中，d_{30} 和 d_{60} 分别表示粒径分布曲线上 30% 和 60% 含量所对应的粒径，C_u 和 C_c 分别为颗粒级配曲线的不均匀系数和曲率系数。由图可知，界面黏聚力 c 随 d_{30}、d_{60} 增大均呈先减小后增大变化；随不均匀系数 C_u 和曲率系数 C_c 增大，界面黏聚力 c 总体呈减小变化。

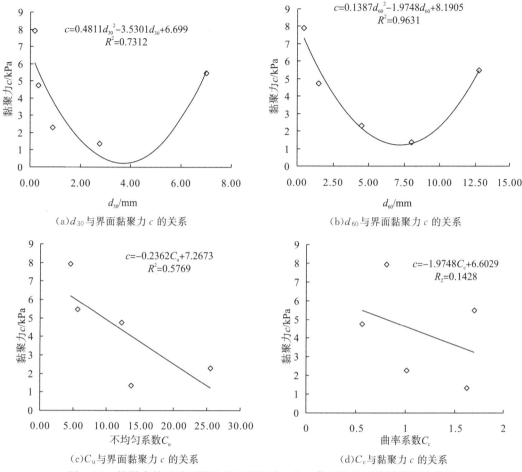

（a）d_{30} 与界面黏聚力 c 的关系　　　　（b）d_{60} 与界面黏聚力 c 的关系

（c）C_u 与界面黏聚力 c 的关系　　　　（d）C_c 与黏聚力 c 的关系

图 4.12　简易直剪试验测得的界面黏聚力 c 与土体颗粒级配特征指标的关系

图 4.13 给出了钢－土界面抗剪强度指标界面摩擦角 φ 与土体颗粒级配特征指标的关系。由图可知，界面摩擦角 φ 随 d_{30}、d_{60} 增大呈先增大后减小变化，随不均匀系数 C_u 和曲率系数 C_c 增大总体呈增大变化。

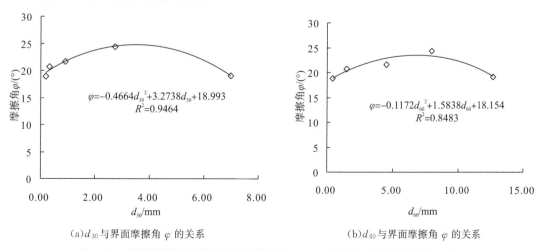

（a）d_{30} 与界面摩擦角 φ 的关系　　　　（b）d_{60} 与界面摩擦角 φ 的关系

图 4.13　简易直剪试验测得的界面摩擦角 φ 与土体颗粒级配特征指标的关系

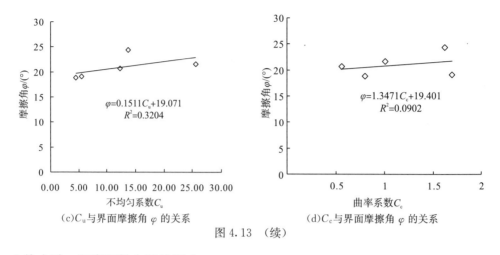

$$\varphi=0.1511C_u+19.071$$
$$R^2=0.3204$$

$$\varphi=1.3471C_c+19.401$$
$$R^2=0.0902$$

(c)C_u与界面摩擦角 φ 的关系

(d)C_c与界面摩擦角 φ 的关系

图 4.13 （续）

2. 土体中砂、泥岩颗粒含量的影响

由表 4.1 可知，试验方案 3 及 10～14 用于砂、泥岩颗粒混合料中砂岩颗粒与泥岩颗粒含量对钢-土界面力学特性的影响。图 4.14 给出了钢-土界面抗剪强度指标界面黏聚力 c 与砂岩颗粒含量 m 的关系。由图可知，当砂岩颗粒含量为 0%（即试验土体为纯泥岩颗粒料）时，界面黏聚力 c 值最大；砂岩颗粒含量为 20% 时，界面黏聚力 c 值最小；砂岩颗粒含量由 20% 增大 100% 时，界面黏聚力 c 值呈先增大后减小变化。

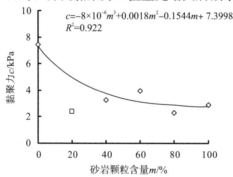

$$c=-8\times10^{-6}m^3+0.0018m^2-0.1544m+7.3998$$
$$R^2=0.922$$

图 4.14 简易直剪试验测得的界面黏聚力 c 与砂岩颗粒含量 m 的关系

界面摩擦角 φ 与砂岩颗粒含量的关系如图 4.15 所示。由图可知，随试验土体中砂岩颗粒含量增大，界面摩擦角 φ 总体呈增大变化。

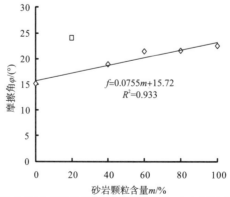

$$f=0.0755m+15.72$$
$$R^2=0.933$$

图 4.15 简易直剪试验测得的界面摩擦角 φ 与砂岩颗粒含量 m 的关系

3. 试样干密度的影响

由表 4.1 可知，试验方案 3 及 16~18 研究了 4 种试样干密度对钢－土界面力学特性的影响。图 4.16 给出了钢－土界面抗剪强度指标界面黏聚力 c 与试样干密度 ρ_d 的关系。由图可知，界面黏聚力 c 随试样干密度增大总体呈减小变化，但试验结果离散性较大。

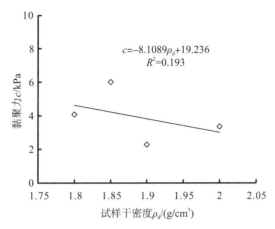

图 4.16　简易直剪试验测得的界面黏聚力 c 与试样干密度 ρ_d 的关系

图 4.17 给出了钢－土界面抗剪强度指标界面摩擦角 φ 与试样干密度 ρ_d 的关系。由图可知，界面摩擦角 φ 随试样干密度增大总体呈减小变化。

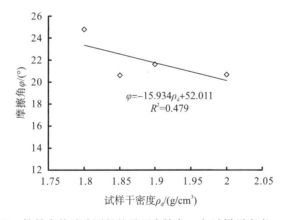

图 4.17　简易直剪试验测得的界面摩擦角 φ 与试样干密度 ρ_d 的关系

4. 试样含水率的影响

由表 4.1 可知，试验方案 3 及 6~10 用于研究试样含水率对钢－土界面力学特性的影响。图 4.18 给出了钢－土界面抗剪强度指标界面黏聚力 c 与试样含水率 ω 的关系。由图可知，界面黏聚力 c 随试样含水率的增大呈先减小后增大变化。

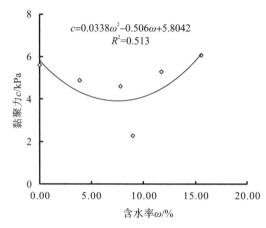

图 4.18　简易直剪试验测得的界面黏聚力 c 与试样含水率 ω 的关系

图 4.19 给出了钢-土界面抗剪强度指标界面摩擦角 φ 与试样含水率 ω 的关系。由图可知，界面摩擦角 φ 随试样含水率增大呈先减小后增大变化。

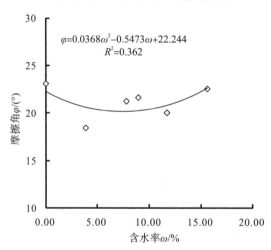

图 4.19　简易直剪试验测得的界面摩擦角 φ 与试样含水率 ω 的关系

4.6.2　改进直剪试验

1. 土体颗粒级配的影响

由表 4.2 可知，试验方案 A～E 用于研究试验土体颗粒级配对钢-土界面抗剪强度特性的影响。图 4.20 给出了钢-土界面抗剪强度指标界面黏聚力 c 与试验土体颗粒级配曲线特征指标的关系。由图可知，钢-土面抗剪强度指标黏聚力 c 随 d_{30}、d_{60} 增大呈先减小后增大变化，与简易直剪试验得到的认识是一致的；随 C_c 增大呈先增大后减小变化，而随 C_u 增大呈非线性减小变化，与简易直剪试验得到的认识不一致，由于简易直剪试验结果[参见图 4.12(c) 和 (d)]的离散性较大，因此，笔者认为此认识更合理。

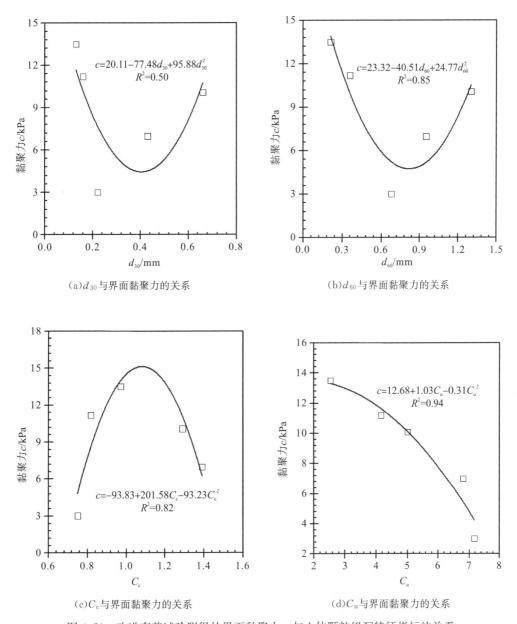

$$c=20.11-77.48d_{30}+95.88d_{30}^2$$
$$R^2=0.50$$

$$c=23.32-40.51d_{60}+24.77d_{60}^2$$
$$R^2=0.85$$

$$c=-93.83+201.58C_c-93.23C_c^2$$
$$R^2=0.82$$

$$c=12.68+1.03C_u-0.31C_u^2$$
$$R^2=0.94$$

（a）d_{30} 与界面黏聚力的关系　　　　　　　（b）d_{60} 与界面黏聚力的关系

（c）C_c 与界面黏聚力的关系　　　　　　　（d）C_u 与界面黏聚力的关系

图 4.20　改进直剪试验测得的界面黏聚力 c 与土体颗粒级配特征指标的关系

　　图 4.21 给出了钢－土界面抗剪强度指标界面摩擦角 φ 与试验土体颗粒级配曲线特征指标的关系。由图可知，钢－土界面抗剪强度指标界面摩擦角 φ 随 d_{30}、d_{60} 增大呈先增大后减小变化，与简易直剪试验得到的认识基本一致；随 C_c、C_u 增大总体呈先减小后增大变化，与简易直剪试验得到的认识不一致，由于简易直剪试验结果[参见图 4.13（c）和（d）]的离散性较小，因此，笔者认为前文得到的认识更加合理。

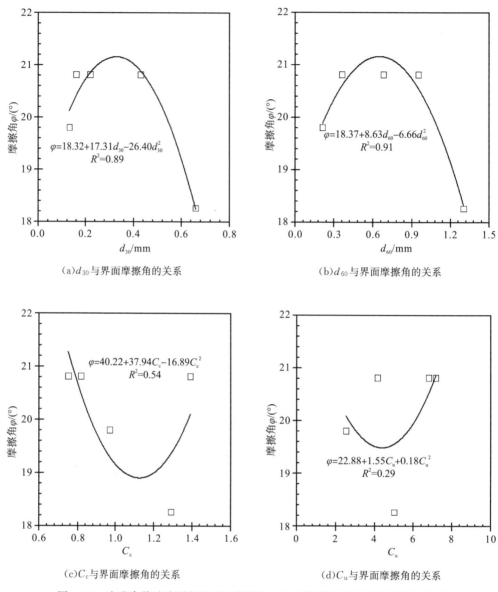

（a）d_{30}与界面摩擦角的关系　　　　　　　（b）d_{60}与界面摩擦角的关系

（c）C_c与界面摩擦角的关系　　　　　　　（d）C_u与界面摩擦角的关系

图 4.21　改进直剪试验测得的界面摩擦角 φ 与土体颗粒级配特征指标的关系

2. 土体中砂、泥岩颗粒含量的影响

由表 4.2 可知，试验方案 B 及 F~J 用于研究试验土体中砂岩颗粒与泥岩颗粒含量对钢-土界面抗剪强度特性的影响。图 4.22 给出了钢-土界面抗剪强度指标界面黏聚力 c 与试验土体中砂岩颗粒含量的关系。由图可知，随试验土体中砂岩颗粒含量的增大，钢-土界面抗剪强度指标界面黏聚力 c 呈先增大后减小变化，与简易直剪试验得到的认识不完全相同。由于两种试验方法测得结果的离散性相差不大，尚不能确定哪种认识更加合理。

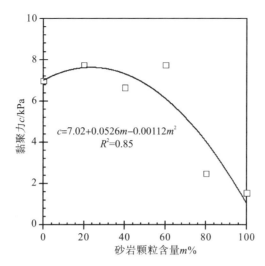

图 4.22 改进直剪试验测得的界面黏聚力 c 与砂岩颗粒含量 m 的关系

图 4.23 给出了钢－土界面抗剪强度指标界面摩擦角 φ 与试验土体中砂岩颗粒含量的关系。由图可知，钢－土界面抗剪强度指标界面摩擦角 φ 随着试验土体中的砂岩颗粒含量增大基本呈线性增大变化，与简易直剪试验得到的认识是一致的。

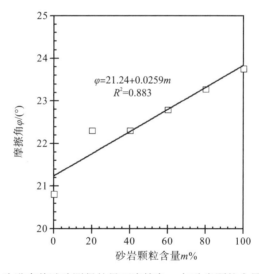

图 4.23 改进直剪试验测得的界面摩擦角 φ 与砂岩颗粒含量 m 的关系

3. 试样干密度的影响

由表 4.2 可知，试验方案 B 及 N~P 用于研究试样干密度对钢－土界面抗剪强度特性的影响。图 4.24 给出了钢－土界面抗剪强度指标界面黏聚力 c 与试样干密度 ρ_{d} 的关系。由图可知，钢－土界面抗剪强度指标界面黏聚力 c 随着试样干密度的增大呈增大变化，与简易直剪试验得到的认识不同，笔者认为此认识更加合理。

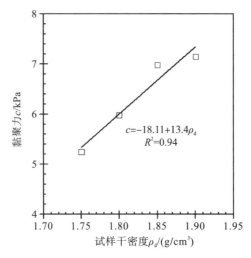

图 4.24　改进直剪试验测得的界面黏聚力 c 与试样干密度 ρ_d 的关系

图 4.25 给出了钢－土界面抗剪强度指标界面摩擦角 φ 与试样干密度 ρ_d 的关系。由图可知，钢－土界面抗剪强度指标界面摩擦角 φ 随着干密度 ρ_d 的增大呈先增大后减小变化，与简易直剪试验得到的结论不完全一致。

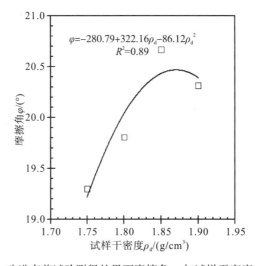

图 4.25　改进直剪试验测得的界面摩擦角 φ 与试样干密度 ρ_d 的关系

4. 试样含水率的影响

由表 4.2 可知，试验方案 B 及 K～M 用于研究试样含水率对钢－土界面抗剪强度特性的影响。图 4.26 给出了钢－土面抗剪强度指标界面黏聚力 c 与试样含水率 ω 的关系。由图可知，界面黏聚力 c 随着试样含水率的增大呈先增大后减小变化，与简易直剪试验得到的认识不一致。

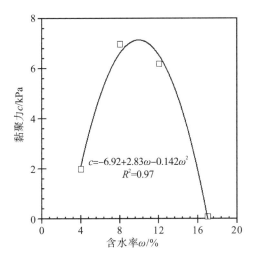

图 4.26　改进直剪试验测得的界面黏聚力 c 与试样含水率 ω 的关系

图 4.27 给出了钢－土界面抗剪强度指标界面摩擦角 φ 与试样含水率 ω 的关系。由图可知，界面摩擦角 φ 随着试样含水率的增大呈现减小后增大变化，与简易直剪试验得到的认识基本是一致的。

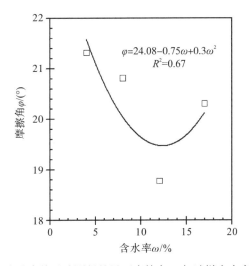

图 4.27　改进直剪试验测得的界面摩擦角 φ 与试样含水率 ω 的关系

4.7　钢－土界面剪切特性数学模型

国内外学者对土与结构物接触面力学关系做了大量研究工作，具有代表性的接触面本构模型主要有双曲线模型[166]、弹塑性模型[167,168]、刚塑性模型[112]、损伤模型[169,170]等。

本书基于前述钢－土界面剪切特性试验研究，提出如式（4.2）及图 4.28 所示的分段双曲线模型：

$$\begin{cases} \tau = \dfrac{\lambda}{a + b\lambda}, \lambda \leqslant N \\ \tau = \dfrac{\lambda_N}{a + b\lambda_N}, \lambda > N \end{cases} \qquad (4.2)$$

式中，τ 为钢-土界面剪应力；λ 为相对剪切位移；a、b 为双曲线模型参数；N 为剪应力不变时对应的剪切位移值。

如图4.28所示，在剪切初期，接触面剪应力随剪切位移的增大呈双曲线增长，当剪切位移超过 N 时，剪应力随剪切位移的增大保持不变。

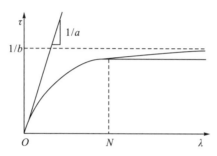

图4.28　修正双曲线模型示意图

当 $\lambda \leqslant N$ 时，将双曲线段变化为

$$\frac{\lambda}{\tau} = a + b\lambda \qquad (4.3)$$

由式(4.3)可知，$\dfrac{\lambda}{\tau}$ 与 λ 呈良好的线性关系，其中 a 为直线与纵轴的截距，b 为直线的斜率。

以改进直剪试验方案中 A 组试验数据为研究对象，按照式(4.2)、式(4.3)进行数据处理并作图，如图4.29所示。

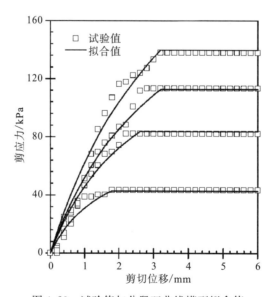

图4.29　试验值与分段双曲线模型拟合值

由图 4.29 可以看出，各法向应力条件下，试验值与分段双曲线模型拟合值吻合性较好，几乎无差别。在剪切初期，剪应力随相对剪切位移的增大呈双曲线增长，当相对剪切位移增大到一定程度时，剪应力随相对剪切位移的增大保持不变。

4.8　本 章 小 结

本章以砂、泥岩颗粒混合土体为长江上游码头岸坡典型土体，通过室内简易直剪试验和改进直剪试验，研究了钢－土界面力学特性。分析了土体颗粒级配和物质组成、试样干密度和含水率等因素对钢－土界面抗剪强度指标界面黏聚力和界面摩擦角的影响特点。基于试验研究成果和理论分析，提出了模拟钢－土界面剪切特性的修正双曲线数学模型。

第 5 章　单桩模型试验

5.1　引　　言

模型试验是研究桩基承载性状的重要手段，根据研究目的，选取比尺为 1∶20(以下称为小比尺试验)和 1∶7(以下称为大比尺试验)的两种模型桩进行试验研究[171-174]。小比尺单桩模型试验主要对比分析钢护筒及嵌岩深度对桩基承载性状的影响，大比尺单桩模型试验深入分析钢护筒嵌岩桩桩身的应力－应变状态及钢－混凝土界面特性。本章从模型设计、试验材料选择、加载方案设计、试验测点布置、试验数据处理及结果分析等方面对两个模型试验进行阐述。

5.2　小比尺单桩模型试验

小比尺单桩模型试验(图 5.1)模型比尺为 1∶20，根据嵌岩深度，有、无钢护筒以及加载方向共设计 12 根模型桩，桩基编号及基本尺寸参数见表 5.1。通过对比分析研究钢护筒及嵌岩深度对桩基承载性状的影响[175]。

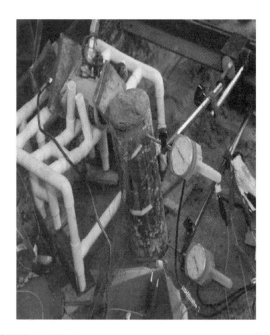

图 5.1　小比尺单桩模型试验图

表 5.1 小比尺单桩模型试验方案参数表

桩号	桩径 D/mm	嵌岩深度 h/mm	嵌岩比($n=h/D$)	有、无钢护筒	作用荷载
Z1P1	100	300	3	有	
Z1P2	100	300	3	无	
Z2P1	100	400	4	有	竖向荷载
Z2P2	100	400	4	无	
Z3P1	100	500	5	有	
Z3P2	100	500	5	无	
Z4P1	100	300	3	有	
Z4P2	100	300	3	无	
Z5P1	100	400	4	有	水平荷载
Z5P2	100	400	4	无	
Z6P1	100	500	5	有	
Z6P2	100	500	5	无	

表 5.1 中，桩的代号中 Z 代表嵌岩深度，Z1、Z2 和 Z3 分别代表嵌岩深度为 300mm、400mm 和 500mm；P 代表有、无钢护筒，P1 代表有钢护筒，P2 代表无钢护筒。

5.2.1 试验材料选择

1. 钢护筒

根据试验相似原理分析所得到的材料和模型尺寸要求，钢护筒选用直径为 100mm、壁厚为 1mm、弹性模量约为 200GPa 的无缝钢管来模拟。

2. 桩芯钢筋混凝土

桩芯混凝土采用与原型桩具有相同弹性模量的高强度 M30 水泥砂浆，按照《砌筑砂浆配合比设计规程（JGJT 98—2010)》[176]，水泥、石英砂、水的配合比为 100：176：32（质量比）。

3. 钢筋笼

桩内配筋以断面配筋率为标准，按照相似原理准则换算[174]。模型桩基需要设置两根直径为 6mm 的二级钢筋作为主筋，采用 0.1mm 的铁丝作为螺旋箍筋，箍筋间距为 3cm。为了避免桩基顶部受力区域因局部应力集中，而造成桩顶混凝土局部剪切破坏，在桩顶配置加密钢筋网 3 层，加密箍筋间距为 1cm。配筋图如图 5.2 所示。

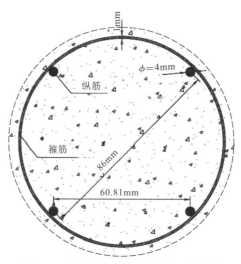

图 5.2　小比尺试验模型桩断面配筋图

4. 地基岩石

根据《重庆港主城港区果园作业区二期扩建工程水工码头泊位部分工程地质详细勘察报告》，果园码头的基础包含了砂岩与泥岩，这是长江上游特别是三峡库区具有代表性的地层，泥岩的天然单轴抗压强度标准值为 7.4MPa，饱和强度为 4.3MPa，中风化泥岩的地基容许承载力可取 800kPa，强风化泥岩的地基容许承载力可取 300kPa。由于大尺寸试验地基不能挖掘了运送到试验室，所以试验采用混凝土来模拟现场的岩石地基。由于泥岩容易风化，导致桩的承载力减小，所以混凝土强度配置较低以模拟强风化泥岩[64]。混凝土配合比如下：胶凝材料为 12.5%，石子为 12.5%，沙为 50%[177]。养护 28 天后在 RMT−150 试验机上进行单轴抗压强度试验，测得地基混凝土标准立方体抗压强度为 300kPa，弹性模量为 16MPa[178]。

试验在具体施工时先浇筑模型桩，等养护好后定位，最后浇筑地基。模型桩浇筑时采用直径为 100mm 的 PVC 管作为浇筑模具，有钢护筒部分则直接用钢护筒作为浇筑模具。在实际操作时为方便拆卸并降低拆模时对保护层的影响，使用前将 PVC 管对剖并在其内侧均匀涂上黄油。桩基养护固结后，拆开模板，成型的预制桩如图 5.3 所示。

(a)普通预制桩

(b)钢护筒预制桩

图 5.3　小比尺试验模型桩

5.2.2　加载方案设计

1. 试验装置

　　小比尺模型试验所需试验场地和所加荷载均较小，试验在重庆交通大学国家内河航道整治工程技术研究中心港航结构工程实验室的试验槽中进行，如图 5.4 所示。模型地基尺寸为 2.4m×1.3m×1m，按照设计配合比浇筑于试验槽内。

图 5.4　小比尺模型试验槽

　　竖向加载采用 CP－200 型分离式液压千斤顶，极限加载值为 20t。横向加载采用 CP－100 型分离式液压千斤顶，极限加载值为 10t。加载装置安装时，先在桩顶放置一块钢板，然后在钢板上放置荷载传感器，同时将荷载传感器两端固定于钢板上，在其上部放置分离式液压千斤顶的加载部件，将千斤顶的顶部固定于反力梁上，装置示意图如图 5.5 所示。

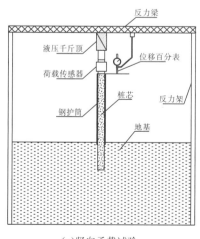

（a）竖向承载试验

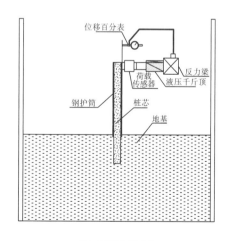

（b）水平承载试验

图 5.5　小比尺模型试验加载装置示意图

2. 加载方案

参考《港口工程桩基规范》(JTS 167－4—2012)[179]中关于单向单循环竖向/水平维持荷载法加载和模型试验教程[127]中关于静载试验加载方案的规定，试验具体加载过程如下：

(1)加载分级进行，采用逐级等量加载，每级荷载按照预估承载能力的 10％计算，第一级荷载取分级荷载的 2 倍；卸载时逐级等量减少，每级荷载为预估承载能力的 20％。

(2)加载时应使荷载传递连续、均匀、无冲击。每级加载时间不宜少于 1min。

(3)每级加载 5min 后读取桩身在嵌固顶面和其他测点处的位移值，以后每隔 5min 读取位移值，并以相邻两次位移平均增量小于等于 0.01mm 作为稳定指标，达到稳定指标后读取其他测点处的位移和各测点的应变值作为分析依据。

(4)当每级加载后，第 30min 的数据仍不能满足稳定指标时，以第 30min 的位移值为准，在读取各测点应变值后，加下一级荷载。

5.2.3   试验测点布置

试验采用荷载传感器直接测量桩顶荷载加载值，采用位移计测量桩顶横向、纵向位移及岩面处的横向位移，采用应变片测量混凝土桩身嵌岩段轴向应变和地基横向应变。

电应变片具体布置如下：①在桩嵌岩段的每个截面上对称两侧粘贴两个竖向应变片，纵向间距为 5cm；②在桩周岩层中对称布置 6 个应变片，沿深度方向间隔 10cm(嵌岩深度 3D)、15cm(嵌岩深度 4D)、20cm(嵌岩深度 5D)布置。应变片具体布置如图 5.6 和图 5.7 所示。

混凝土应变片规格：栅长 × 栅宽 ＝ 5mm × 3mm，灵敏系数为 2.06，电阻值为 120.6Ω。所有应变片采用 1/4 桥(多通道共用补偿片)接线法，为了保证应变片在加载过程中正常工作，应变片外部进行保护。应变片粘贴位置应经过仔细打磨平整，粘贴前用丙酮洗净，粘贴后用环氧树脂进行防水处理[172]。

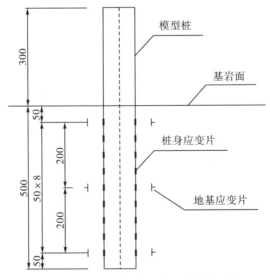

图 5.6   小比尺模型试验应变片布置示意图(单位：mm)

图 5.7　小比尺试验模型桩桩身应变片布置

5.2.4　试验结果分析

1. 竖向加载试验结果分析

对试验测得的竖向荷载作用下 6 根模型桩的桩顶竖向位移、桩身嵌岩段轴向应变等进行分析[180]。

1) 桩顶荷载－位移曲线

共对 6 根模型桩进行竖向加载试验，相应得到 6 组荷载－位移曲线。为更好地对比分析有、无钢护筒对嵌岩桩承载性能的影响，图 5.8 至图 5.10 中给出了 6 组不同嵌岩深度下的荷载－位移曲线[181]。

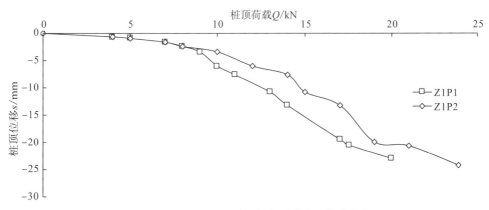

图 5.8　Z1P1、Z1P2 模型桩桩顶荷载－位移曲线

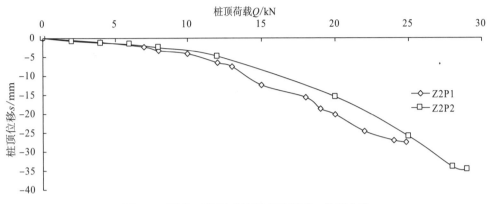

图 5.9　Z2P1、Z2P2 模型桩桩顶荷载－位移曲线

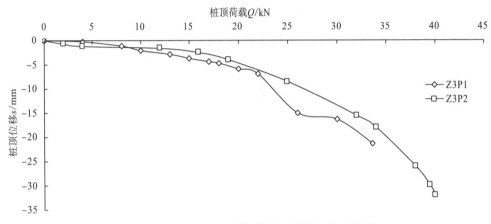

图 5.10　Z3P1、Z3P2 模型桩桩顶荷载－位移曲线

由图可知，不同模型桩在桩顶荷载作用下的变化趋势较为一致，可以认为不同嵌岩深度时有、无钢护筒对嵌岩桩沉降的影响也较为一致。以图 5.8 为例分析如下：荷载值从零加载到 9kN 的过程中，Z1P1 和 Z1P2 两根桩的位移变化基本一致，荷载－位移曲线近似为一条直线，两根桩均处在弹性阶段；当桩顶荷载超过 9kN 之后，Z1P1 桩位移变化速率超过 Z1P2 桩，桩顶沉降增幅变大，两根桩的荷载－位移曲线均为缓变型曲线，陡降过程并不明显。图中有几处沉降较大有可能是由于模型地基的不均匀性造成的。通过上述分析可知，钢护筒嵌岩桩的竖向承载力略弱于传统嵌岩桩，但相差不大，造成这种差异的原因主要是桩基嵌岩段靠近岩面处钢护筒嵌岩桩是钢－岩界面，传统嵌岩桩是混凝土－岩界面，后者的摩擦系数大于前者。

2）极限承载力

嵌岩深度的改变和有、无钢护筒都会影响嵌岩桩的极限承载力，不同情况下嵌岩桩具体承载力如图 5.11 所示[181]。

由图可知，随着嵌岩深度的增大，普通嵌岩桩和钢护筒嵌岩桩的竖向极限荷载都相应提高。桩基嵌岩深度从 3D 增加到 5D 时，钢护筒嵌岩桩竖向极限承载力提高了 40％左右，可见，改变钢护筒嵌岩桩的嵌岩深度对竖向承载力的影响非常明显。这是因为嵌岩深度增大，桩侧与岩体的接触面积变大，与之相对应的极限桩侧总摩阻力值增大，所以桩基极限承载力得到显著提高。在相同嵌岩深度的情况下，普通嵌岩桩(无钢护筒)的极限承载力比钢护筒嵌岩桩提高了 10% 左右，这是因为模型桩钢护筒外壁非常光滑，其粗糙度远小于桩身混凝土，即钢－岩界面剪切强度远小于混凝土－岩之间，相应地该段侧摩阻力也小一些，而桩基极限承载力等于桩侧摩阻力与桩端阻力之和，所以桩基极限承载力变小。

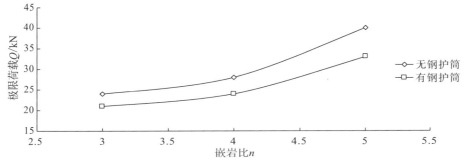

图 5.11　嵌岩比改变对极限承载力的影响

3)桩侧摩阻力

要得到桩侧摩阻力曲线，先要通过桩身应变片换算得到桩身轴力。计算桩身轴力时先对桩身同一高程上两侧的应变值求平均值以减小误差，见式(5.1)，再利用公式(5.2)求出截面轴力值，沿着桩身纵向上的轴力值依次用平滑曲线连接，形成沿桩身纵向的轴力分布曲线[182]。

$$\varepsilon_i = \varepsilon_{i1} + \varepsilon_{i2} \qquad\qquad i = 1, 2, 3, \cdots \qquad\qquad (5.1)$$

$$N_i = E_p A \varepsilon_i \qquad\qquad i = 1, 2, 3, \cdots \qquad\qquad (5.2)$$

式中，ε_{i1}、ε_{i2} 分别为桩身横截面对称的两个应变片所测的应变值；N_i 为第 i 段断面轴力；E_p 为模型桩的弹性模量；A 为桩身横截面面积。

根据求出的桩身轴力沿桩身分布曲线值，将桩身相邻的轴力值运用公式(5.3)计算，即求得对应桩段的桩侧平均侧阻力，依次用平滑曲线连接即可得到桩侧摩阻力分布曲线。

$$\frac{q_{si} = N_i - N_{i+1}}{A} \qquad\qquad i = 1, 2, 3, \cdots \qquad\qquad (5.3)$$

共有 6 根桩进行竖向加载相应得到 6 组荷载－位移曲线，对比分析有、无钢护筒对嵌岩桩承载性能的影响时，按照嵌岩深度的不同分成 3 组。经观察发现，嵌岩深度为 3D、4D 和 5D 时，钢护筒对嵌岩桩侧摩阻力的影响基本相同，仅以嵌岩深度为 4D 时的桩身轴力对比图(图 5.12)和桩侧摩阻力对比图(图 5.13)为例进行分析。

从图 5.13 可以看出，Z2P1 桩与 Z2P2 桩侧摩阻力分布均呈双峰型。在岩面至桩身嵌岩深度 1/3 之间，桩侧摩阻力得到充分地发挥，桩身轴力迅速衰减。在桩身嵌岩深度 1/3～2/3 之间，桩侧摩阻力减小，但钢护筒嵌岩桩的减小程度小于传统嵌岩桩，这主要是因为钢护筒的嵌岩部分是钢－岩界面，钢管外壁光滑，其粗糙度远小于桩身混凝土，即钢－岩界面剪切强度小于混凝土－岩界面，相应地，侧摩阻力也小一些，进而该段部分摩阻力转移到桩身下段来分担，使得该段桩侧摩阻力发挥更为充分。在桩身嵌岩深度 2/3 至嵌岩底端之间，桩侧摩阻力又有所增大，但小于顶端。在桩身相同高度的截面上，随着桩顶荷载值增大，桩侧摩阻力也随之增大，但增大幅度越来越小。从整体上来看，钢护筒嵌岩桩与普通嵌岩桩相比桩侧摩阻力值变化较小，发挥较为均匀[55]。

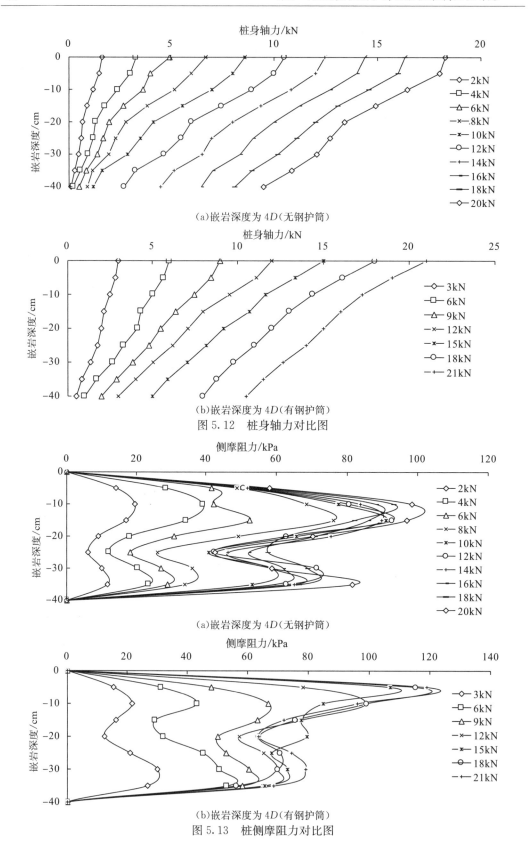

(a)嵌岩深度为 4D(无钢护筒)

(b)嵌岩深度为 4D(有钢护筒)

图 5.12　桩身轴力对比图

(a)嵌岩深度为 4D(无钢护筒)

(b)嵌岩深度为 4D(有钢护筒)

图 5.13　桩侧摩阻力对比图

4）桩端阻力

图 5.14 给出了 3 组不同嵌岩深度的钢护筒嵌岩桩在不同桩顶荷载下的桩端阻力。

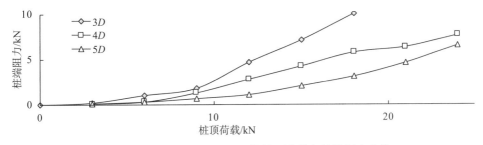

图 5.14　Z1P1、Z2P1、Z3P1 桩桩顶荷载与桩端阻力曲线

由图可知，在相同嵌岩深度情况下，随着桩顶荷载的增大，桩端阻力的发挥过程是先缓慢增长，当桩顶荷载达到一定值之后，桩端阻力发挥增长迅速，具体表现为曲线斜率先小后大。在相同桩顶荷载情况下，随着桩基嵌岩深度的增大，桩端阻力减小，这是因为嵌岩深度增大，桩侧桩－岩接触面积增大，相应的桩侧摩阻力发挥越多，同样的桩顶荷载作用下，桩端荷载相应减小[40]。

2. 水平加载试验结果分析

对试验测得的水平荷载作用下的 6 根模型桩的桩顶横向位移、岩面处的横向位移和地基横向应变进行分析。

1）荷载－挠度曲线

对 6 根模型桩施加水平荷载，通过设置的桩顶水平位移计测得桩顶横向变形，为更好地对比分析钢护筒对嵌岩桩承载性能的影响，现将 6 组荷载－挠度曲线按照不同嵌岩深度绘制于图 5.15 至图 5.17[183]。

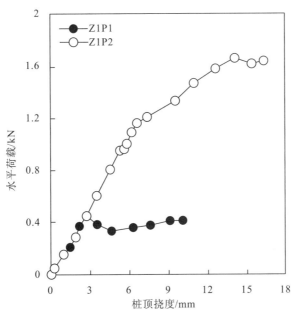

图 5.15　Z1P1、Z1P2 模型桩荷载－挠度曲线

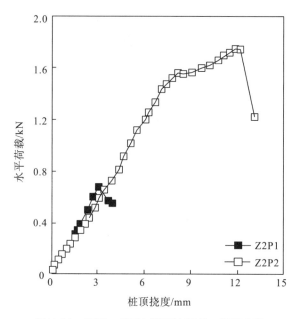

图 5.16　Z2P1、Z2P2 模型桩荷载－挠度曲线

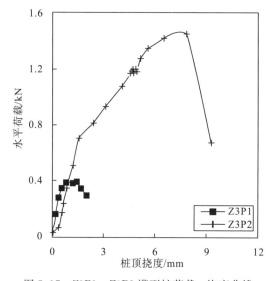

图 5.17　Z3P1、Z3P2 模型桩荷载－挠度曲线

由图可知，钢护筒对嵌岩桩水平承载性能的影响规律基本一致，故仅以图 5.15 为例进行分析。两种嵌岩桩的荷载－挠度曲线整体呈非线性，但在小荷载作用下呈线性。对于模型桩 Z1P1，当水平位移小于 3mm 时，桩顶的水平位移随横向荷载的增大呈线性增大；当水平位移超过 3mm 之后桩体承受的荷载出现小范围波动；当桩顶的水平位移接近 9mm 时，水平荷载达到最大值，即达到桩的水平极限承载能力。对于桩 Z1P2，当水平位移小于 6mm 时，桩顶的水平位移随横向荷载的增大呈线性增大；当水平位移超过 6mm 之后则呈非线性变化；当桩顶的水平位移接近 15mm 时，桩体达到水平极限承载能力。钢护筒嵌岩桩的水平极限承载力约为 0.4kN，而传统嵌岩桩的极限承载力约为 1.65kN，表明在相同的嵌岩深度下，钢护筒嵌岩桩的极限承载力仅为普通嵌岩桩的 1/4。

　　另外，两种嵌岩深度下，钢护筒对嵌岩桩的影响也基本一致：钢护筒会大幅降低桩身的水平承载能力，但在变形模量上略微提高。

　　图 5.18 给出了不同嵌岩深度的钢护筒嵌岩桩的荷载－挠度曲线。

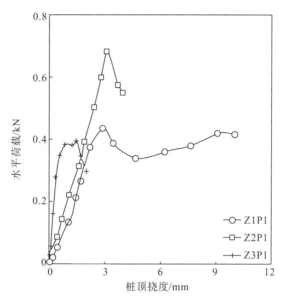

图 5.18　钢护筒嵌岩桩荷载－挠度曲线

　　从图中可以看出，在小荷载下 3 条曲线均呈线性，并且其斜率随着嵌岩深度的增大而增大，说明嵌岩深度的增大会提高桩体的水平变形模量。水平极限承载力呈现先增大后减小的趋势，嵌岩深度为 3D 时承载力值约为 0.45kN，4D 时承载力值约为 0.70kN，5D 时承载力值降低到 0.4kN，说明增大嵌岩深度并不一定总能提高承载能力。

　　2）地基应力

　　通过地基内的应变片测得水平加载时地基上、中、下 3 个层位的应变。通过应变数据可以发现，加载时并不是每个地基内的应变片都能检测到有明显的应力变化。如图 5.19所示，应变片 A1、A2 和 B3 在桩顶横向加载时能检测到明显的压应力变化，而 B1、

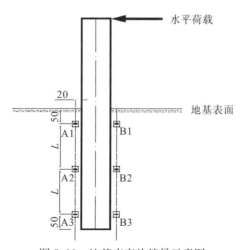

图 5.19　地基应变片编号示意图

B2 和 A3 只能检测出微小的拉应力，且随着横向荷载的增大所测应力很快消失，表明外部荷载主要由所受荷载同侧地基的较底层与异侧地基的较上层承担。当外部荷载较小时，所受荷载同侧地基的较上部与异侧地基的较下部会承受较小的荷载，当基础和桩之间的接口因拉应力增大而发生破坏时，应力会重新分布，上述部位分担的拉应力会消失[184]。

图 5.20 显示的是嵌岩深度为 3D 时两种嵌岩桩桩端挠度与地基测点应力的关系。

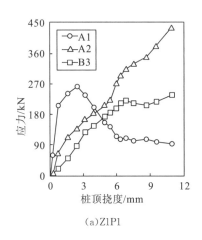
(a)Z1P1

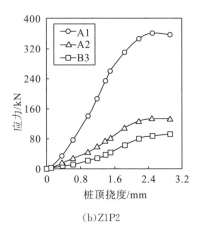
(b)Z1P2

图 5.20　嵌岩深度为 3D 时两种嵌岩桩桩端挠度与地基测点应力的关系

图 5.20(a)表明，嵌岩深度为 3D 的普通嵌岩桩加载初期，地基中 3 个不同深度的压应力随桩顶挠度的增大而线性递增，且上层地基分担荷载最大。当挠度超过一定值时，上层地基屈服，地基的压应力达到最大值后下降，另外两个地基中部和下部的测点压应力仍然上升，但是挠度和应力之间的关系变为非线性。由图 5.20(b)可知，钢护筒嵌岩桩与普通嵌岩桩地基应力响应有较大区别。对于钢护筒嵌岩桩，在地基中的上、中、下 3 个测点应力变化规律是相似的。在加载初期，压应力呈线性递增，随着桩端挠度继续增大，3 个测点逐渐发生塑性变形，当桩端挠度达到 3mm 时，地基应力达到最大。在整个加载过程中，地基上层的测点 A1 检测到的压应力远远大于基础中间层和较低层的压应力。对比图 5.20(a)和图 5.20(b)可知，两种嵌岩桩的地基均为上层承担荷载最大，但钢护筒嵌岩桩的受力不均匀程度明显大于普通嵌岩桩。

3)失效模型

加载完成之后，开挖地基，对失效的模型桩进行拍照记录。照片显示，在横向荷载作用下，钢护筒嵌岩桩和普通嵌岩桩的失效模式有很大不同。图 5.21 所示为两种嵌岩桩失效模式的对比图。由图可知，对于普通嵌岩桩，破坏面倾斜，且倾斜的角度接近 45°。对于钢护筒嵌岩桩，破坏面是水平的，且沿着钢管底部。对于这两种桩，破坏面的位置也不相同，普通嵌岩桩的破坏面横穿地基表面线，而钢护筒嵌岩桩的破坏面被埋在地基表面线之下[185]。

图 5.21 两种嵌岩桩失效模式的对比图

4)承载性能

嵌岩桩的承载性能受多种因素影响,由不同嵌岩深度模型桩的桩顶水平荷载－挠度曲线可知,嵌岩深度对普通嵌岩桩和钢护筒嵌岩桩的承载性能都有很大影响。荷载－挠度关系曲线的斜率表示桩抵抗侧向变形的刚度,可用下式表示:

$$W = \frac{F}{\lambda} \tag{5.4}$$

式中,W 为刚度;F 为桩顶施加的水平荷载;λ 为桩顶的横向位移。

刚度与嵌岩深度的关系如图 5.22 所示。由图可知,普通嵌岩桩和钢护筒嵌岩桩的刚度都随着桩嵌入地基深度的增大而增大,而且嵌岩深度从 40cm 增大到 50cm 时,桩的刚度几乎增大一倍。当嵌岩深度小于 40cm(4 倍桩径)时,两种嵌岩桩的刚度非常接近,当嵌岩深度增大到 50cm 时,钢护筒嵌岩桩的刚度明显大于普通嵌岩桩的刚度,这说明钢护筒对桩的刚度有增强作用。

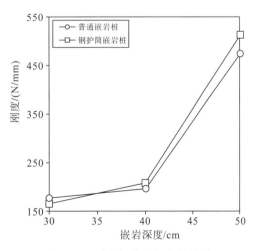

图 5.22 刚度与嵌岩深度的关系

除横向变形刚度外,通过荷载－挠度曲线还可以知道桩的水平极限承载力。图 5.23

所示为不同嵌岩深度下嵌岩桩的水平极限承载力。由图可知，普通嵌岩桩的极限承载力要比钢护筒嵌岩桩高出很多。当嵌岩深度从 30cm 增大到 40cm，钢护筒嵌岩桩的极限承载力从 0.43kN 增大到 0.74kN，但随着嵌岩深度继续增大到 50cm，钢护筒嵌岩桩的极限承载力并没有继续增大，反而降低到 0.38kN，比嵌岩深度为 30cm 时对应的极限承载力还要小。与钢护筒嵌岩桩相比，普通嵌岩桩的平均极限承载力为 1.5kN，几乎是钢护筒嵌岩桩的 3 倍。这表明，钢护筒虽然能增加桩本身的刚度，但会降低桩的极限承载性能。导致这种现象的原因主要是，钢护筒在提高桩身刚度时，施加在桩顶部的水平荷载会更为集中地传递到地基上部，并且钢护筒的入土深度仅为桩径的一半，这一段很小范围内的基岩将承受很大一部分的水平荷载，造成此段内桩横截面上的弯矩非常大。从桩的失效模式也可以看出，钢护筒嵌岩桩的破坏面在钢护筒底部，此段弯矩非常大。

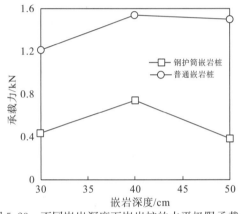

图 5.23   不同嵌岩深度下嵌岩桩的水平极限承载力

5.3   大比尺单桩模型试验

大比尺单桩模型试验(图 5.24)的目的是探讨钢护筒嵌岩桩的钢护筒与桩芯钢筋混凝土的界面特性[6,186]，模型比尺为 1∶7，桩芯混凝土直径为 0.3m，通长 2.6m；桩基悬臂

图 5.24   大比尺单桩模型试验系统

段长度为 1.7m；钢护筒厚 2mm，嵌岩深度为 0.15m。大比尺模型试验过程与小比尺模型试验有诸多相似之处，为避免赘述，对大比尺模型试验方案仅作简要介绍。

5.3.1　试验简介

大比尺模型试验材料主要包括钢护筒、桩芯混凝土、桩芯钢筋笼和地基混凝土。钢护筒选用厚度为 2mm 的 Q235 钢板卷制而成。桩芯混凝土采用与原型桩相同的 C30 混凝土，水、水泥、石子、河砂的配合比为 46∶100∶224∶112(质量比)[187]。钢筋笼设置 8 根直径为 8mm 的二级钢筋作为主筋，采用 4mm 的一级钢筋作为螺旋箍筋，箍筋间距为 13cm。地基选用 C15 混凝土模拟，混凝土配合比(水泥∶石子∶河砂)为 13∶50∶27。施工流程与小比尺模型试验一致，先预制桩后浇筑地基。

大比尺模型试验加载装置采用大型港工桩基试验系统，该系统竖向极限加载值为 500t，横向极限加载值为 100t，自带位移和荷载传感器，试验系统如图 5.25 所示。

图 5.25　大型港工桩基试验系统

大比尺模型试验采用大型港工桩基试验系统自带传感器测量桩顶荷载和桩顶位移，采用 BH120-3BB 型电阻应变片测量桩身钢筋笼及钢护筒应变，应变片规格如下：栅长×栅宽＝3mm×3mm(双片)，灵敏系数为 2.09，电阻值为 120.6Ω。应变片采用 1/2 桥接线法，温度补偿采用多通道共用补偿片法。应变片布置规则如下：在水平力作用平面上对称布置，悬臂端每隔 300mm 布置一个测点，嵌岩段每隔 150mm 布置一个测点，再根据实际情况进行微调，具体布置如图 5.26 所示。

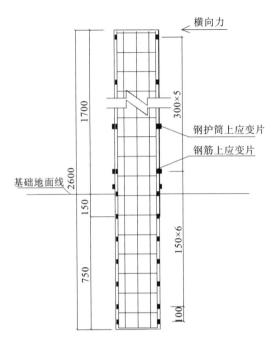

图 5.26　大比尺模型试验应变片布置示意图(单位：mm)

5.3.2　试验结果分析

对试验测得的模型桩钢筋轴向应变和钢护筒轴向应变处理分析如下。

1. 竖向加载试验结果分析

1)桩身钢筋应变

根据布置在钢筋上的测点数据整理得到钢筋应变曲线，如图 5.27 所示。

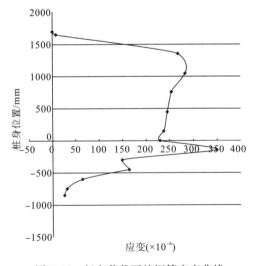

图 5.27　竖向荷载下的钢筋应变曲线

在弹性阶段不考虑钢筋的滑移，可将钢筋应变等效为混凝土桩的截面应变，所以钢筋应变能够很好地反应桩身轴力变化。图中，纵坐标代表桩身位置，纵坐标为 0 处代表桩岩交界面，正轴代表 1.7m 长的悬臂段，负轴代表 0.9m 长的嵌岩段。在悬臂段，1m 以上的部分应力较为集中，这是由于 1.2~1.7m 为抱箍加载段，存在桩端效应。0~1m 之间应变曲线近似为一条略微倾斜的直线，这是由于钢护筒的存在承担了一部分轴力。如果是传统嵌岩桩，则其悬臂段的应变理论值始终为一常数，对应的轴力即为桩端荷载。在嵌岩段 −0.15m 处存在应变突增的现象，这是由于模型地基对桩的嵌固力较大，在靠近地面处形成节点，因而导致明显的节点应力集中现象。在嵌固段 $(1~2)D$ 之间，应变迅速减小，此段桩侧摩阻力发挥最为充分，抵消了大部分桩端荷载。最下端 $(2~3)D$ 之间，应变缓慢减小，桩侧摩阻力发挥较弱。最底端应变对应轴力由桩端阻力承担，可见桩端阻力的分担比例远小于桩侧阻力。

2）钢护筒应变

根据钢筋与钢护筒上布置的测点数据整理得到表 5.2。

表 5.2　钢筋与钢护筒应变对比表

项目	测点				
	1	2	3	4	5
桩身位置/mm	1050	750	450	150	0
钢筋应变值（×10⁻⁶）	283	253	245	237	229
钢护筒应变值（×10⁻⁶）	280	253	228	261	250
差值（×10⁻⁶）	3	0	17	−24	−21

由表可知，钢护筒应变值随桩身位置变化不大，整个钢护筒受力均匀。其中，最大值出现在 1.05m 处，这与上文分析的加载段桩端效应有关。对比分析钢筋与钢护筒应变可以发现桩上部两者差值很小，越往下越大。这说明钢护筒嵌岩桩上部钢护筒与内部桩芯混凝土基本处于协调变形阶段，越靠近基岩面钢−混凝土界面滑移越厉害，界面力发挥越充分。在靠近基岩面处界面滑移厉害是因为钢护筒的嵌岩段也存在较大的嵌固力，且与混凝土桩的嵌固力相差较大，所以导致基岩面处界面受力复杂[88,89]。

由此可知，模型桩在承受竖向设计荷载作用下，钢护筒与桩芯混凝土整体滑移较小，界面基本处于黏滞状态，可近似按固结处理。

2. 水平加载试验结果分析

1）桩身钢筋应变

对模型桩进行水平加载时，在加载平面上有两根纵筋分别承受最大拉应力和最大压应力，根据这两根钢筋上对应测点的应变数据整理得到如图 5.28 所示的钢筋应变曲线。

由图可知，在悬臂段，1m 以上的部分拉压应变基本均为零，这是由于 1.2~1.7m 为抱箍加载段，模型桩在抱箍围压作用下该段刚度显著增大，接近刚体。0~1m 之间拉压应变曲线近似为斜线，即钢筋应变与桩身至桩顶加载处的距离成正比，同时桩身弯矩也与桩身至桩顶加载处的距离成正比，所以钢筋拉压应变受桩身弯矩控制，且与桩身弯矩呈线性关系。虽然悬臂段两侧钢筋应变曲线均近似为斜线，但受拉侧钢筋的应变值远大于受压侧，约为 2 倍。这说明钢护筒嵌岩桩受水平力时，桩截面的中性轴更靠近受压侧。在嵌岩段 0.15m 处拉压应变均出现明显的增大，这与竖向加载类似，水平加载时模型桩也存在明显的节点效应。受拉侧钢筋在嵌固段 0~1D 之间应变迅速减小，这是由于预制桩与地基之间嵌固作用很强，并且地基刚度较大，地基上层受力集中，此段范围内桩身将很大一部分荷载传递给地基。在嵌固段(1~2)D 之间，受拉侧钢筋应变缓慢减小，此段桩侧地基仍在发挥作用，但承担荷载较小。在嵌固段底端，钢筋应力均较小且趋于稳定，桩侧地基基本不受力。受压侧钢筋应力消散远小于受拉侧，若不考虑 0.15m 处的节点效应，受拉侧钢筋在 0~2D 嵌岩段内应力消散基本均匀，即在该段内的地基分担荷载基本相同。受拉侧钢筋与受压侧钢筋在(2~3)D 之间应变基本相同，此段地基受力很小。

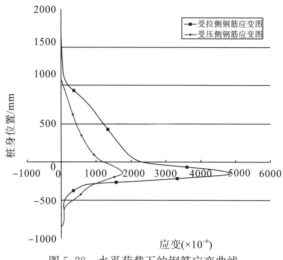

图 5.28　水平荷载下的钢筋应变曲线

2)钢护筒应变

为分析水平加载时钢护筒嵌岩桩的界面状态，将钢护筒与钢筋对应测点的应变数据整理得钢护筒与钢筋应变对比图，如图 5.29 所示。

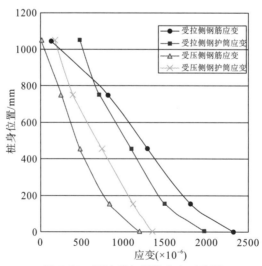

图 5.29　钢护筒与钢筋应变对比图

由图可知，受拉侧应变远大于受压侧，桩体受水平荷载时中性轴偏向受压侧。在受压侧，所有测点钢护筒应变均略大于钢筋应变，这是由于钢护筒距中性轴距离较大造成的，所以可以推断在受压侧钢护筒与桩芯混凝土变形协调，界面黏结较好。在受拉侧，除最上端测点外其余测点钢护筒应变均小于钢筋应变。这说明最上端靠近加载处钢护筒分担较大荷载，且通过界面向内部传力。在超过加载端 1 倍桩径距离后，钢护筒应变开始小于钢筋应变，且越往下差值越大。这是由于钢护筒的嵌固段很小（只有 0.5 倍桩径），且钢护筒与地基摩擦系数小，所以钢护筒底端的嵌固力远小于桩芯混凝土，进而导致钢护筒分担的荷载减小，钢-混凝土界面滑移严重[188]。

5.4　本章小结

本章通过两种比尺模型试验，对比研究了普通嵌岩桩和钢护筒嵌岩桩的承载特性，得到如下几点认识：

（1）在竖向荷载作用下，钢护筒嵌岩桩的承载力较相同条件的普通嵌岩桩有所下降，但承载力值相差不大，增加钢护筒对竖向承载力的影响并不很明显。桩身嵌岩深度对两种嵌岩桩的承载力影响明显。

（2）在水平荷载作用下，钢护筒略微提高了桩身刚度，但会降低嵌岩桩的水平承载能力。钢护筒嵌岩桩与普通嵌岩桩的失效模式不同，普通嵌岩桩破坏面倾斜且在地基表面附近。钢护筒嵌岩桩破坏面水平，且横穿钢管底部。

（3）在竖向荷载作用下，钢护筒与桩芯混凝土整体滑移较小，钢护筒-混凝土界面基本处于黏结状态，可近似按固结处理。

（4）在水平荷载作用下，受压侧钢护筒-混凝土界面黏结较好，受拉侧界面滑移严重，在设计截面抗弯能力时若考虑钢护筒，则应予以折减。另外，水平荷载作用下，拉应力显著大于压应力，截面中性轴靠近抗压侧，对结构受力不利，在计算断面配筋时应注意。

第6章 双桩模型试验

6.1 引　　言

本章以双桩为例，通过室内物理模型试验，研究钢护筒嵌岩群桩在水平荷载作用下的承载性状，探讨大直径钢护筒嵌岩群桩的承载性能。研究在水平荷载作用下钢护筒嵌岩双桩的桩顶承台位移、桩身岩面处位移、桩身应变、桩身弯矩、地基应变、桩身位移的特点和分布规律，查明桩顶承台荷载-位移关系、桩身岩面处荷载-位移关系、桩身荷载-弯矩关系、桩身荷载-位移关系等，并分析钢护筒嵌岩双桩的破坏型式[189]。

6.2　试验模型制作及数据采集

6.2.1　试验模型设计

模型试验以重庆港果园码头二期工程钢护筒嵌岩桩为原型，原型桩直径为2000mm，桩身混凝土强度等级为C30，钢护筒采用Q235普通碳素钢，厚度为16mm[190]。地基主要为砂岩、泥岩互层，且以泥岩为主，岩石强度参数见第4章。模型比尺与第5章小比尺单轴模型试验比尺相同，即模型比尺为1∶20。采用的模型试验槽尺寸为2.4m×1.3m×1.4m。模型桩钢护筒直径为100mm，壁厚为1mm。

为简化模型结构，原型上部排架结构简化为普通钢筋混凝土承台，产状倾斜互层岩石地基简化为水平单一岩石地基。为研究桩间距、钢护筒等因素对钢护筒嵌岩双桩基础水平承载性状的影响问题，共设计了6组试验方案，详见表6.1。其中，A1、A2和A3试验的模型桩为普通钢筋混凝土嵌岩桩；B1、B2和B3试验的模型桩为钢护筒嵌岩桩。不同试验中的模型桩直径均为100mm，嵌岩深度均为400mm，即嵌岩深度为$4D$（D为模型桩直径）；桩间距选取$1.5D$（150mm）、$2.5D$（250mm）和$3.5D$（350mm）3种。

表6.1　双桩模型试验方案

试验编号	模型桩号	桩径 D/mm	嵌岩深度 H/mm	桩间距 S_d/mm	有无 钢护筒	荷载作用方向
A1	A1Z1			$1.5D$		
	A1Z2				无	水平
A2	A2Z1			$2.5D$		
	A2Z2					

试验编号	模型桩号	桩径 D/mm	嵌岩深度 H/mm	桩间距 S_d/mm	有无 钢护筒	荷载作 用方向
A3	A3Z1			3.5D		
	A3Z2					
B1	B1Z1			1.5D		
	B1Z2					
B2	B2Z1	100	400	2.5D	有	
	B2Z2					
B3	B3Z1			3.5D		
	B3Z2					

图 6.1 所示为模型试验桩位俯视图。图 6.2 所示为 A3 组模型试验(桩间距为 3.5D)的模型桩正立面图。图中,靠近水平荷载加载位置的模型桩(也称前排桩)编号为 Z1,远离水平荷载加载位置的模型桩(也称后排桩)编号 Z2,即编号 A3Z1 表示 A3 组试验的 Z1桩,A3Z2 表示 A3 组试验的 Z2 桩,其他组试验中的模型桩编号原则与此相同。图中还有 3 个百分表用于测量试验中的水平位移,对百分表的编号方式为模型桩编号后面加百分表表号,即编号 A3Z101 表示用于测量 A3 组试验中模型桩 Z1 岩面处水平位移的①号百分表,编号 A3Z202 表示用于测量 A3 组试验中模型桩 Z2 岩面处水平位移的②号百分表,A3Z203 表示用于测量 A3 组试验中模型桩 Z2 桩顶处水平位移的③号百分表,其他组试验中的百分表编号原则与此相同。

图 6.3 所示为 B3 组模型试验(桩间距为 3.5D)的模型桩正立面图。

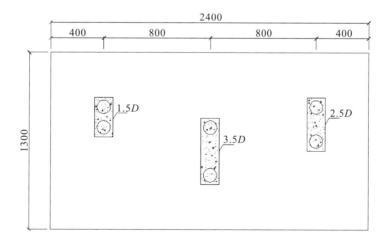

图 6.1　嵌岩双桩模型试验桩位俯视图(单位:mm)

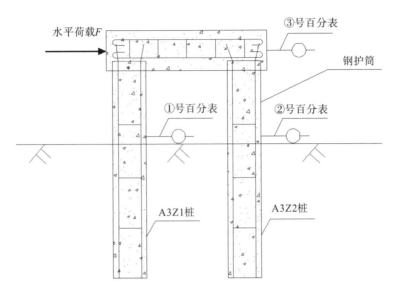

图 6.2　双桩模型试验 A3 组嵌岩桩正立面图

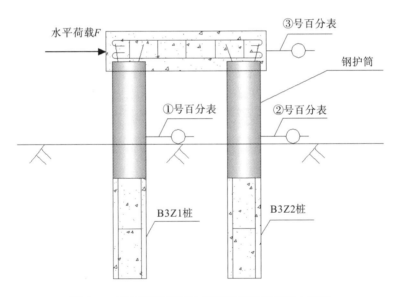

图 6.3　双桩模型试验 B3 组钢护筒嵌岩桩正立面图

6.2.2　试验模型制作

1. 模型桩钢筋笼制作

根据相似理论要求，采用与原型桩相同的配筋率。经计算，模型桩的横截面配筋面积为 41.7mm², 采用 4 根直径为 4mm 的二级钢筋作为主筋，直径为 1mm 的铁丝为螺旋箍筋，箍筋间距为 150mm。模型桩长为 650mm，为便于模型制作，钢筋笼长度为 800mm，上部弯起以便后续操作[191]，完成浇筑后切除。图 6.4 所示为模型桩钢筋笼。

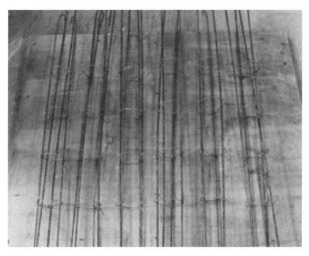

图 6.4 模型桩钢筋笼

2. 模型桩制作

在浇筑模型地基之前，先预制模型桩，共 12 根。模型桩混凝土用 M30 水泥砂浆模拟。其中，6 根为普通钢筋混凝土模型桩，用于 A1、A2 和 A3 组试验；6 根为钢护筒钢筋混凝土模型桩，用于 B1、B2 和 B3 组试验。各组模型桩的长度为 650mm，桩径为 100mm，嵌岩深度为 400mm，悬臂长度为 250mm。其中，B1、B2 和 B3 组模型桩的上部包裹长 350mm 的钢护筒，下部无钢护筒段长度为 300mm，这样嵌岩段长度为 400mm，中部 100mm 被钢护筒包裹。预制的钢护筒钢筋混凝土模型桩如图 6.5 所示。

图 6.5 钢护筒钢筋混凝土模型桩

制作普通钢筋混凝土模型桩时，采用长为650mm、内径为100mm的PVC管，沿轴线方向剖开作为预制模具。为方便拆开模板和降低拆模时对模型桩保护层的影响，在剖开的PVC管内侧均匀涂上黄油，如图6.6所示。

图6.6　模型桩制作模具

制作钢护筒钢筋混凝土模型桩时，下部无钢护筒段采用长为300mm、内径为100mm的PVC管，沿轴线方向剖开作为预制桩的模具；上部有钢护筒段直接采用长为350mm、内径为100mm、壁厚为1mm的钢护筒制作。

3. 地基浇筑

为避免浇筑地基时模型桩晃动，先用直径为30mm的PVC管制成模型桩固定支架并固定模型桩[192]。固定支架同时也是地基应变计的固定件，固定支架上部可在地基浇筑后拆除。地基岩石用水泥、砂、石膏粉、水按1：4.5：0.25：1比例配合的水泥混合砂浆模拟。图6.7所示为地基浇筑图示。

图6.7　地基浇筑图示

4. 承台浇筑

承台钢筋笼主筋采用 6 根直径为 4mm 的二级钢筋，箍筋采用直径为 1mm 的铁丝，间距为 50mm，如图 6.8 所示。

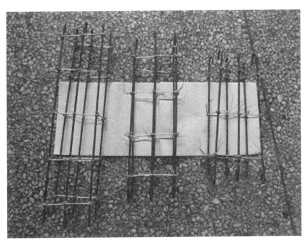

图 6.8　承台钢筋笼

承台混凝土采用 M30 水泥砂浆模拟。承台浇筑前先在安装好的承台模具中放置绑扎好的钢筋笼。

6.2.3　数据采集

1. 数据采集装置

试验主要采集设备有分离式液压千斤顶、50mm 量程百分表、10mm 量程百分表、荷载传感器和静态应变测试系统等。其中，荷载传感器需要在试验前进行标定[193]。

2. 试验加载方案

根据《港口工程桩基规范》(JTS 167－4—2012)和《建筑基桩检测技术规范（JGJ 106—2003)》确定本试验加载方案，采用慢速维持荷载法加载。具体加载过程如下：

(1)加载采用逐级等量加载，每级荷载按照预估承载能力的 10% 计算，即每级加载 0.6kN，第一级荷载可取分级水平荷载的 2 倍(1.2kN)加载，本试验均从 1.2kN 开始加载，加载应平稳、连续、均匀、无冲击。

(2)每级荷载施加后按第 0min、5min、10min、15min、30min 时间间隔测读 3 个百分表的读数，以后每隔 30min 测读一次。

(3)同级荷载下两次测读得到的位移值不变或者第 n 个 30min 后测得的数据仍有变化，但两者之间的变化值小于等于 0.005mm 时可认为稳定，继续施加下级荷载。

(4)当桩身出现明显折断、水平位移超过 1.5～2.0mm、水平变形急剧增加、变形速率明显加快、地基岩(土)出现明显斜裂缝或水平位移达到设计要求的水平位移允许值时便可终止加载。

图 6.9 和图 6.10 分别给出了双桩模型试验 A3 组和 B3 组嵌岩桩加载示意图。

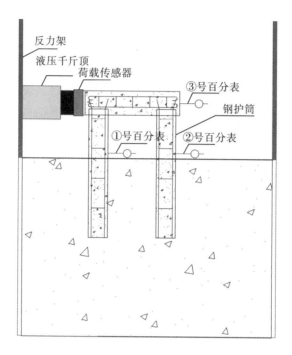

图 6.9　双桩模型试验 A3 组嵌岩桩加载示意图

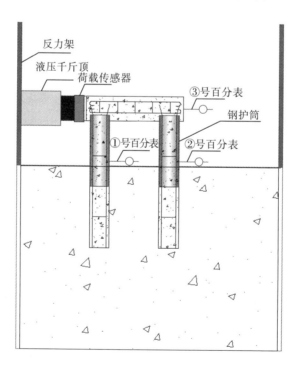

图 6.10　双桩模型试验 B3 组嵌岩桩加载示意图

3. 数据采集

将嵌岩桩桩侧应变计导线和地基应变计导线与静态应变测试系统连接，按 1/4 桥接法连接，8 个应变片共用一个补偿片。把荷载传感器和分离式液压千斤顶连接放置于承台与反力架之间，并将荷载传感器与静态应变测试系统和笔记本电脑连接。图 6.11 所示为双桩模型试验 A1 组嵌岩桩数据采集示意图。

图 6.11　双桩模型试验 A1 组嵌岩桩数据采集示意图

6.3　普通嵌岩双桩模型试验结果及分析

6.3.1　荷载－位移关系

利用桩顶承台侧面中心处的百分表和桩侧岩面处的两个百分表测得桩顶水平位移值及桩侧岩面处水平位移值。

1. A1 组

图 6.12 给出了桩间距为 1.5D 的普通嵌岩双桩模型 A1 组模型桩的荷载－位移曲线。图中，曲线 A1Z203 为桩顶承台中心处的荷载－位移关系，曲线 A1Z101 和 A1Z202 为模型桩 A1Z1(前排桩)和 A1Z2(后排桩)岩面处的荷载－位移关系。

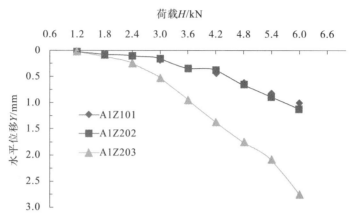

图 6.12　桩间距为 1.5D 的普通嵌岩双桩模型 A1 组模型桩的荷载－位移曲线

由图中曲线 A1Z203 可知，在前三级荷载作用下，整个桩基的水平位移随桩顶荷载增大基本呈线性增大且增幅不大；此后，在每级荷载作用下，桩基的整体水平位移增大趋势增强；第八级荷载后位移显著增大，整个桩基的最大位移为 2.75mm。比较图中曲线 A1Z101 和 A1Z202 可知，前排桩 A1Z1 和后排桩 A1Z2 在桩身岩面处的荷载－位移关系基本一致，后排桩 A1Z2 在第六级荷载以后增长趋势略强；在前四级荷载作用下，水平位移为线性增大且增幅不大；第六级荷载后随荷载增大，水平位移增大趋势明显增强。前排桩 A1Z1 的最大位移为 1.006mm，后排桩 A1Z2 的最大位移为 1.107mm。

2. A2 组

图 6.13 给出了桩间距为 2.5D 的普通嵌岩双桩模型 A2 组模型桩的荷载－位移曲线。图中，曲线 A2Z203 为桩顶承台中心处的荷载－位移关系，曲线 A2Z101 和 A2Z202 为模型桩 A2Z1（前排桩）和 A2Z2（后排桩）岩面处的荷载－位移关系。

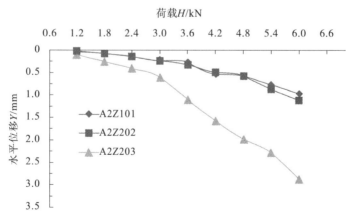

图 6.13　桩间距为 2.5D 的普通嵌岩双桩模型 A2 组模型桩的荷载－位移曲线

由图中曲线 A2Z203 可以看出，前四级荷载作用下，整个桩基的水平位移基本为线性增大且增幅不大；此后，在每级荷载作用下，桩基的整体水平位移增大趋势增强；第八级荷载后位移显著增大，增幅为前级荷载的 102%，整个桩基的最大位移为 2.879mm。

比较曲线 A2Z101 和 A2Z202 可知，前排桩 A2Z1 和后排桩 A2Z2 在岩面处的水平位移基本保持一致。后排桩 A2Z2 在第七级荷载以后增长趋势略强；两条曲线均在前五级荷载作用下为线性增大且增幅不大；第七级荷载后随着荷载增大，水平位移增大趋势明显增强。前排桩 A2Z1 的最大位移为 0.976 mm，后排桩 A2Z2 的最大位移为 1.122mm。

3. A3 组

图 6.14 给出了桩间距为 3.5D 的普通嵌岩双桩模型 A3 组模型桩的荷载－位移曲线。图中，曲线 A3Z203 为桩顶承台中心处的荷载－位移关系，曲线 A3Z101 和 A3Z202 为模型桩 A3Z1（前排桩）和 A3Z2（后排桩）岩面处的荷载－位移关系。

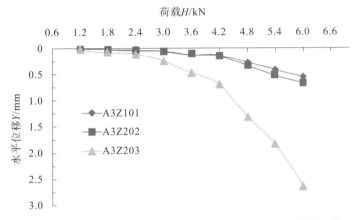

图 6.14 桩间距为 3.5D 的普通嵌岩双桩模型 A3 组模型桩的荷载－位移曲线

由图中曲线 A3Z203 可以看出，在前三级荷载作用下，整个桩基的水平位移基本为线性增大且增幅不大；在第四到第六级荷载作用下较之前三级荷载作用的水平位移增幅加大；第六级荷载后，在每级荷载作用下，桩基的整体水平位移增大趋势增强，整个桩基的最大位移为 2.75mm。曲线 A3Z101 和 A3Z202 表明，前排桩 A3Z1 和后排桩 A3Z2 的岩面水平位移基本保持一致，后排桩 A3Z2 在第六级荷载以后增大趋势略强；两条曲线均在前四级荷载作用下为线性增大且增幅不大；此后，两级荷载作用下位移增大趋势不强；第六级荷载后随着荷载增大，水平位移增大趋势明显增强。前排桩 A3Z1 的最大位移为 0.558mm，后排桩 A3Z2 的最大位移为 0.666mm。

以上分析表明，无论是桩顶承台中心处位移，还是桩身岩面处位移，均随着荷载的增大缓慢线性增大，之后有个缓变过程，但位移增大趋势随之增强，最后出现位移显著增大的现象[194]。形成这种现象的主要原因是，在水平荷载较小时，桩基的强度大于地基强度，一部分荷载由桩基自身强度分担，另一部分荷载则传递到地基由岩（土）体抗力分担，而靠近地面处的岩（土）体此时处于弹性压缩阶段，出现一个线性增大的过程，而且增幅不大；随着水平荷载的增大，桩的变形进一步加大，表层岩（土）体逐渐承受更大的荷载从而开始产生弹塑性屈服，表现为整个桩基的位移增大且增大趋势较之前几级荷载作用下变得更为明显；随着水平荷载的进一步增大，水平荷载向岩（土）体更深处传递，并且表层岩（土）体大面积开始发生塑性屈服，位移显著增大，当变形增大到桩所不能承受的程度或桩周岩（土）体失去稳定时，桩土体系便趋于破坏[195]。

4. 前排桩

为了清楚地显示桩间距对嵌岩双桩荷载－位移曲线的影响，图 6.15 给出了不同试验组（桩间距分别为 1.5D、2.5D、3.5D）中前排桩 A1Z1、A2Z1 和 A3Z1 桩身岩面处水平位移随桩顶荷载的变化曲线。

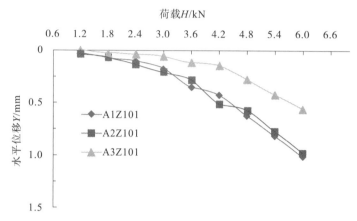

图 6.15　双桩模型试验 A1～A3 组中前排桩桩身岩面处荷载－位移曲线

由图可知，3 种不同桩间距情况下，前排桩桩身岩面处水平位移随水平荷载增大趋势基本一致，均为随着荷载的增大先缓慢线性增大，然后有个缓变增长过程，最后出现显著增大[196]。桩间距为 3.5D 时前排桩 A3Z1 的水平位移值要明显小于桩间距为 1.5D 时前排桩 A1Z1 和桩间距为 2.5D 时前排桩 A2Z1 的水平位移，最大位移仅为后者的55.5％和57.2％。

5. 后排桩

图 6.16 给出了不同试验组（桩间距分别为 1.5D、2.5D、3.5D）中后排桩 A1Z2、A2Z2 和 A3Z2 桩身岩面处水平位移随桩顶荷载的变化曲线。

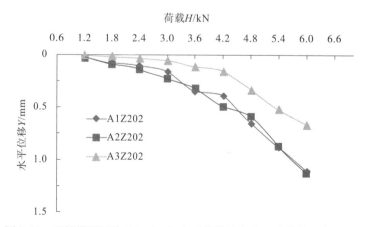

图 6.16　双桩模型试验 A1～A3 组中后排桩桩身岩面处荷载－位移曲线

由图可知，3 种不同桩间距情况下，后排桩的位移增长趋势基本一致，均为随着荷载的增大位移缓慢线性增大，之后有个缓变过程，但位移增大趋势随之增强，最后位移显著增大[197]。桩间距为 3.5D 时前排桩 A3Z2 的水平位移值要明显小于桩间距为 1.5D 时前排桩 A1Z2 和桩间距为 2.5D 时前排桩 A2Z2 的水平位移，最大位移仅为后者的 60.2％和 59.4％。

6. 桩顶承台

图 6.17 给出了不同试验组（桩间距分别为 1.5D、2.5D、3.5D）中桩顶承台中心处水平位移随桩顶荷载的变化曲线。

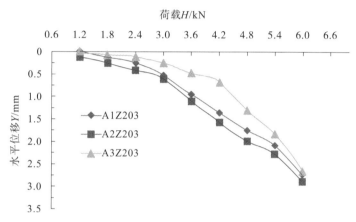

图 6.17　双桩模型试验 A1～A3 组中桩顶承台中心处荷载－位移曲线

由图可知，3 种不同桩间距情况下，整个嵌岩群桩基础桩顶处位移增大趋势基本一致，均为随着荷载的增大位移缓慢线性增大，之后有个缓变过程，但位移增大趋势随之增强，最后位移显著增大[198]。桩间距为 3.5D 时整体位移从施加第一级荷载开始就小于桩间距为 1.5D 和 2.5D 时的整体位移，在第六级荷载作用下出现了最大的位移差，分别约为两者的 50.85％和 43.7％；当加载到第九级荷载时，3 种桩间距嵌岩群桩基础桩顶处的位移值相差不大，桩间距为 3.5D 时整体位移值较桩间距为 1.5D 和 2.5D 时的整体位移分别小 0.118mm 和 0.247mm。

上述分析表明，桩间距对水平位移影响显著。相同荷载作用下，桩间距为 3.5D 时桩顶承台中心处水平位移、桩身岩面处水平位移均最小；桩间距为 1.5D 和 2.5D 时的桩身岩面处水平位移相差不大，但桩间距为 1.5D 时的水平位移略小于桩间距为 2.5D 时的水平位移；桩间距为 1.5D 时的桩顶承台中心处水平位移小于桩间距为 2.5D 时的桩顶承台中心处水平位移。

6.3.2　桩身弯矩

桩基受水平荷载，桩身产生弯矩，不同荷载作用下不同桩间距嵌岩双桩基础的弯矩分布是不一样的[199]。分析不同荷载作用下不同桩间距嵌岩桩的弯矩，对研究嵌岩群桩基础的水平承载力具有重要意义。

1. A1 组

图 6.18 给出了桩间距为 1.5D 时 A1 组的前排桩 A1Z1 和后排桩 A1Z2 在分级水平荷载作用下桩身弯矩随入岩深度变化的关系曲线。

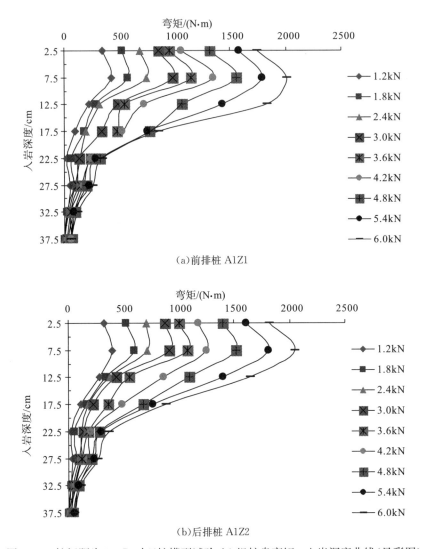

图 6.18　桩间距为 1.5D 时双桩模型试验 A1 组桩身弯矩–入岩深度曲线（见彩图）

从图中可以看出，每级荷载下的弯矩随入岩深度的增大先增大到一个峰值然后迅速减小，此后会有一个略微增大的过程，最后基本减小为零；最大弯矩主要在入岩深度 1D（100mm）附近，在入岩深度 3D（300mm）附近出现弯矩再次增大现象。

2. A2 组

图 6.19 给出了桩间距为 2.5D 时双桩模型试验 A2 组的前排桩 A2Z1 和后排桩 A2Z2 在分级水平荷载作用下桩身弯矩随入岩深度变化的关系曲线。由图可知，桩身弯矩随入岩深度的变化特点与 A1 组相同。

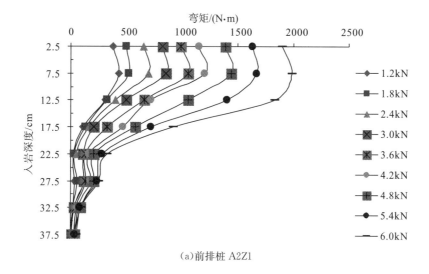

(a)前排桩 A2Z1

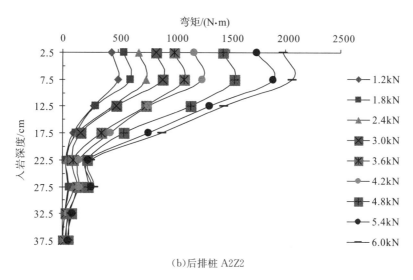

(b)后排桩 A2Z2

图 6.19　桩间距为 2.5D 时双桩模型试验 A2 组桩身弯矩－入岩深度曲线(见彩图)

3．A3 组

图 6.20 给出了桩间距为 3.5D 时双桩模型试验 A3 组的前排桩 A3Z1 和后排桩 A3Z2 在分级水平荷载作用下桩身弯矩随入岩深度变化的关系曲线。由图可知,桩身弯矩随入岩深度的变化特点与 A1 组相同。

6.3.3　桩身挠曲

依据桩身岩面处的位移、转角及桩身 8 个应变片断面的应变,可以确定各应变片断面的挠曲变形。

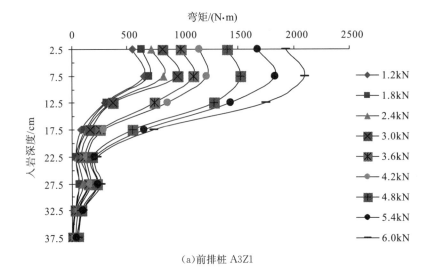

(a)前排桩 A3Z1

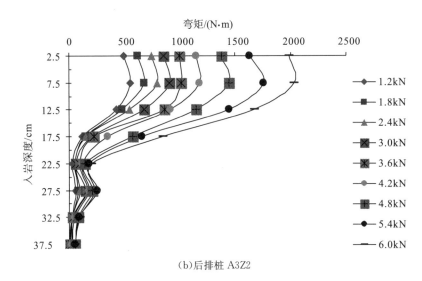

(b)后排桩 A3Z2

图 6.20　桩间距为 3.5D 时双桩模型试验 A3 组桩身弯矩－入岩深度曲线(见彩图)

1. A1 组

图 6.21 给出了桩间距为 1.5D 时双桩模型试验 A1 组的前排桩 A1Z1 和后排桩 A1Z2 在分级水平荷载作用下桩身位移随入岩深度变化的关系曲线。

从图中可以看出，每级荷载下的桩身水平位移随着入岩深度的增大而减小[200]，且入岩深度在 2D(200mm)以内时减小比较明显，此后水平位移缓慢减小到零；随着水平荷载的增大，桩身水平位移呈现增大趋势，不同荷载下的增大趋势不一致，基本上前三级水平荷载作用下桩身水平位移较小，此后，随着荷载的增大，桩身水平位移明显增大，但是这种增大的现象主要体现的桩身入岩深度 2D(200mm)以内的区域，特别是 1D(100mm)以内的区域尤为明显。

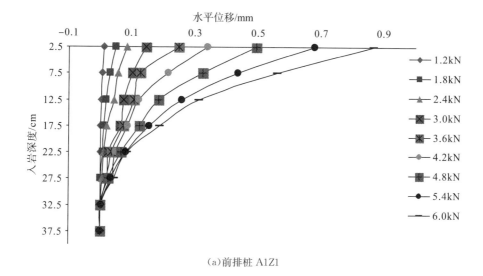

(a)前排桩 A1Z1

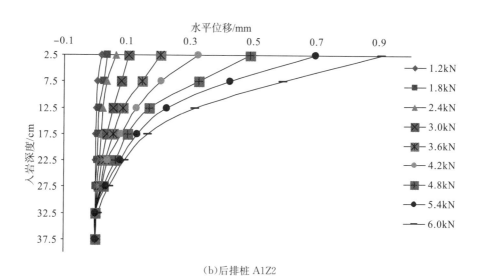

(b)后排桩 A1Z2

图 6.21　桩间距为 1.5D 时双桩模型试验 A1 组桩身水平位移－入岩深度曲线(见彩图)

2. A2 组

图 6.22 给出了桩间距为 2.5D 时双桩模型试验 A2 组的前排桩 A2Z1 和后排桩 A2Z2 在分级水平荷载作用下桩身水平位移随入岩深度变化的关系曲线。由图可知，桩身水平位移随入岩深度的变化特点与 A1 组相同。

3. A3 组

图 6.23 给出了桩间距为 3.5D 时双桩模型试验 A3 组的前排桩 A3Z1 和后排桩 A3Z2 在分级水平荷载作用下桩身水平位移随入岩深度变化的关系曲线。由图可知，桩身水平位移随入岩深度的变化特点与 A1 组相同。

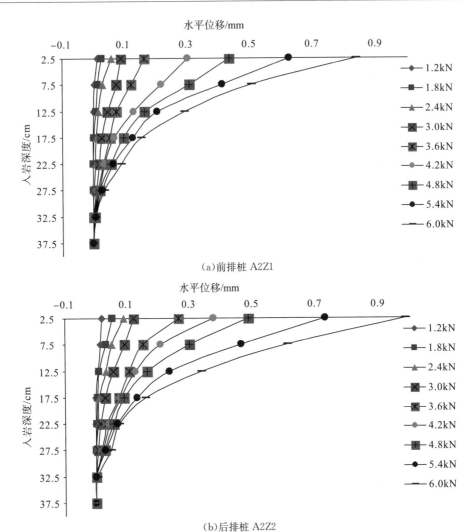

(a)前排桩 A2Z1

(b)后排桩 A2Z2

图 6.22　桩间距为 2.5D 时双桩模型试验 A2 组桩身水平位移－入岩深度曲线(见彩图)

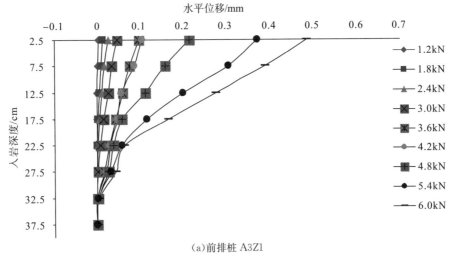

(a)前排桩 A3Z1

图 6.23　桩间距为 3.5D 时双桩模型试验 A3 组桩身水平位移－入岩深度曲线(见彩图)

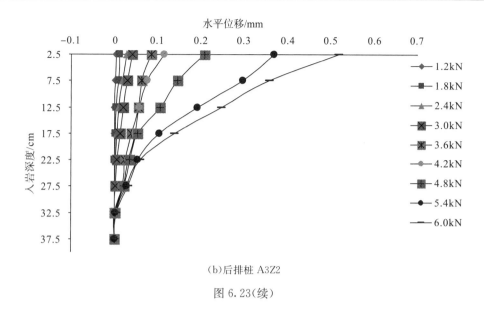

(b)后排桩 A3Z2

图 6.23(续)

6.3.4　p-y 曲线

嵌岩桩受水平荷载作用下的承载性状同时反映了嵌岩桩的抗弯刚度和地基的抗水平位移刚度,分析地基水平抗力沿桩身入岩深度的变化(p-y 关系曲线),对研究嵌岩桩的承载性状具有重要意义。试验中,在桩身粘贴应变片,同时在地基中埋设应变计以测量地基应变,地基应变测量值换算成地基抗力 p,从而容易绘制桩基的 p-y 关系曲线[201]。

图 6.24 给出了桩间距为 $3.5D$ 时双桩模型试验 A3 组的前排桩 A3Z1 和后排桩 A3Z2 在分级水平荷载作用下的实测桩侧土压力与桩身入岩深度的关系曲线。

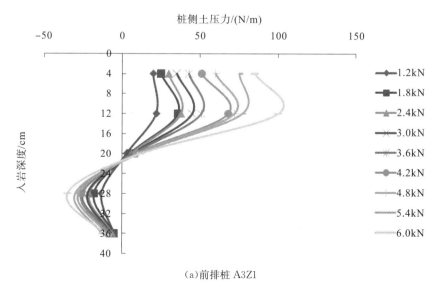

(a)前排桩 A3Z1

图 6.24　桩间距为 $3.5D$ 时双桩模型试验 A3 组的桩侧土压力与桩身入岩深度的关系曲线(见彩图)

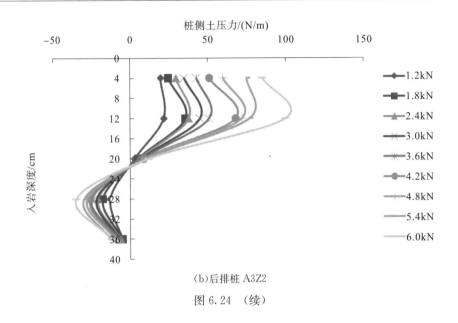

(b)后排桩 A3Z2

图 6.24 （续）

6.3.5 模型破坏模式

水平荷载作用下嵌岩桩的破坏原因通常为两类：①桩径较大、入岩深度较浅且岩质较差时，桩的抗弯刚度相对岩(土)体的刚度大，在水平荷载作用下，桩身主要表现为刚体转动，其水平承载力主要依靠岩(土)体的强度控制[202]；②桩径较小、入岩深度较大且岩质较好时，桩的抗弯刚度相对岩(土)体的刚度小，在水平荷载作用下，桩身主要表现为弹性桩的特性，水平承载力主要由桩身材料的抗弯刚度和桩侧岩(土)体的抗力来控制[203]。

混凝土的抗拉强度低于其抗压强度，因此钢筋混凝土桩挠曲时将首先在截面受拉侧开裂[204]。当抗弯刚度 EI 值较大时，较小的变形将产生较大的应力，有可能在较小位移和转角的情况下发生截面受拉破坏，因此必须考虑桩截面抗拉强度的影响。桩承受水平荷载作用时的工作性状不仅仅是桩自身的抗弯、抗拉、抗扭等状态，实际上桩的工作性状比单纯的拉、弯、扭复杂得多，必须要考虑到桩−岩(土)体的相互作用问题[205]。

为了能够更好地了解普通嵌岩桩桩−岩(土)相互作用现象，研究桩、岩(土)破坏状态，从试验加载过程到试验最终结束，对嵌岩双桩基础的破坏型式进行了跟踪观察，最后对地基进行了开挖，以观察桩−岩(土)界面在水平荷载作用下的破坏形态[206]。主要破坏特征简述如下：

（1）在水平荷载作用下，3 组不同桩间距的普通嵌岩双桩基础的桩基与地基接触面均有一定的损坏现象。从岩层面上观察，前排桩和后排桩在靠近加载点的侧面均表现为桩身与桩周岩(土)体接触面发生轻微的脱开现象，而远离加载点的另一侧面挤压地基岩(土)体出现岩(土)层面的隆起现象，如图 6.25 所示。

（2）无论是前排桩还是后排桩，其受拉侧(靠近加载点的侧面)桩身在岩面处均出现环向拉裂缝，并从受拉侧向受压(远离加载点的侧面)侧延伸，如图 6.26 所示。

（3）在桩顶与承台底面连接处也存在受拉侧向受压侧延伸的环向拉裂缝，如图 6.27 所示。

图 6.25　普通嵌岩模型桩与地基接触面情况

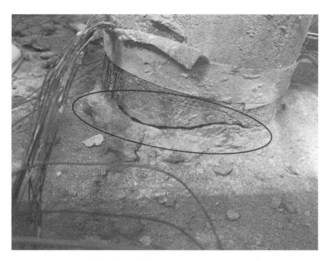

图 6.26　普通嵌岩模型桩在岩面处的环向拉裂缝

图 6.27　普通嵌岩模型桩与承台连接处的环向拉裂缝

（4）试验结束后，开挖模型地基，发现地基与桩身接触较为完好，并无明显的破坏现象，如图 6.28 所示。

图 6.28　普通嵌岩模型桩地基开挖剖面

（5）地基完全开挖后，观察 3 组不同桩间距的普通嵌岩模型桩，发现桩间距为 1.5D 的模型桩桩身存在 3 处拉裂缝：第一处为距离桩底大约 150mm(1.5D)处，第二处为地基岩面附近，第三处为近桩顶承台底面处，如图 6.29 所示。前排桩与后排桩的桩身拉裂缝位置不尽相同，略有差别，后排桩的第三处裂缝位于距离承台底面约 40mm 处。

图 6.29　桩间距为 1.5D 的双桩模型试验 A1 组桩身裂缝

　　桩间距为 2.5D 的双桩模型试验 A2 组桩身也存在 3 处裂缝：第一处为距离桩底大约 150mm(1.5D) 处，第二处为地基岩面附近，第三处为桩顶与承台底面接触处附近，如图 6.30 所示。前排桩与后排桩的桩身拉裂缝位置不尽相同，略有差别，后排桩的第二处拉裂缝位于岩面下距离岩面约 50mm 处。

图 6.30　桩间距为 2.5D 的双桩模型试验 A2 组桩身裂缝

　　桩间距为 3.5D 的双桩模型试验 A3 组桩身也存在裂缝，但是明显减少。前排桩有两处裂缝，一处位于桩顶承台底面与桩身接触处，另一处位于地基岩面附近；而后排桩仅有一处裂缝，位于桩顶承台底面与桩身接触处附近，如图 6.31 所示。值得一提的是，前、后排桩的桩顶承台底面与桩身接触处附近的裂缝位置均明显下移。

图 6.31　桩间距为 3.5D 的双桩模型试验 A3 组桩身裂缝

以上分析表明，桩间距为 3.5D 的双桩模型试验 A3 组模型桩产生的裂缝较少，而桩间距为 1.5D 和 2.5D 的双桩模型试验的模型桩裂缝较多，表明桩间距较小时群桩效应明显。

6.4　钢护筒嵌岩双桩模型试验结果及分析

6.4.1　荷载−位移关系

1. B1 组

图 6.32 给出了桩间距为 1.5D 的钢护筒嵌岩双桩基础 B1 组模型桩的荷载−位移曲线。图中，曲线 B1Z203 为桩顶承台中心处的荷载−位移关系，曲线 B1Z101 和 B1Z202 为模型桩 B1Z1(前排桩)和 B1Z2(后排桩)岩面处的荷载−位移关系。

由图中曲线 B1Z203 可知，前九级荷载作用下，整个桩基的水平位移基本为线性增大且增幅不大；此后，在每级荷载作用下，桩基的整体水平位移增大趋势增强；第十二级荷载后水平位移显著增大，第十三级荷载时位移值增大了 41.2%，到第十九级荷载时位移值达到 1.968mm，为第十二级荷载时位移值的 3.3 倍。比较曲线 B1Z101 和 B1Z202 可知，前排桩 B1Z1 和后排桩 B1Z2 的位移相差不大，但后排桩 B1Z2 在第九级荷载以后增长趋势略强，且前排桩 B1Z1 的位移略小于后排桩 B1Z2 的位移。

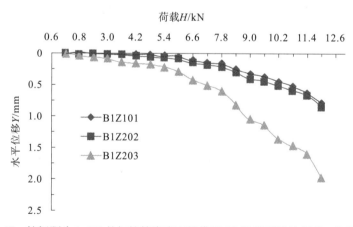

图 6.32　桩间距为 1.5D 的钢护筒嵌岩双桩模型 B1 组模型桩的荷载−位移曲线

2. B2 组

图 6.33 给出了桩间距为 2.5D 的钢护筒嵌岩双桩模型 B2 组模型桩的荷载−位移曲线。图中，曲线 B2Z203 为桩顶承台中心处的荷载−位移关系，曲线 B2Z101 和 B2Z202 为模型桩 B2Z1(前排桩)和 B2Z2(后排桩)岩面处的荷载−位移关系。

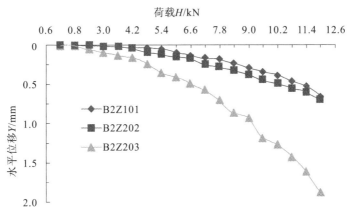

图 6.33　桩间距为 2.5D 的钢护筒嵌岩双桩模型 B2 组模型桩的荷载－位移曲线

由图中曲线 B2Z203 可以看出，前十一级荷载作用下，整个桩基的水平位移基本为线性增大且增幅不大；此后，在每级荷载作用下，桩基的整体水平位移增大趋势增强；第十四级荷载后位移显著增大，到第十九级荷载时位移值达到 1.968mm，为第十二级荷载位移值的 2.6 倍。比较曲线 B2Z101 和 B2Z202 可知，前排桩 B2Z1 和后排桩 B2Z2 的水平位移相差不大，但后排桩 B2Z2 在第六级荷载以后增大趋势略强，且后排桩 B2Z2 的水平位移略大于前排桩 B2Z1 的位移。

3. B3 组

图 6.34 给出了桩间距为 3.5D 的钢护筒嵌岩双桩模型 B3 组模型桩的荷载－位移曲线。图中，曲线 B3Z203 为桩顶承台中心处的荷载－位移关系，曲线 B3Z101 和 B3Z202 为模型桩 B3Z1（前排桩）和 B3Z2（后排桩）岩面处的荷载－位移关系。

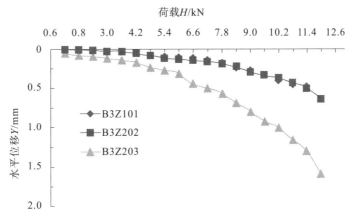

图 6.34　桩间距为 3.5D 的钢护筒嵌岩双桩模型 B3 组模型桩的荷载－位移曲线

由图中曲线 B3Z203 可以看出，前九级荷载作用下，整个桩基的水平位移基本为线性增大且增幅不大；第十到第十八级荷载作用下的水平位移较前九级荷载作用下的水平位移增幅加大，但是在这十级荷载下整个桩基的水平位移也类似于线性增大；第十八级荷载后水平位移增幅加大，第十九级荷载下的水平位移增幅为第十八级荷载下的 1.86 倍。比较曲线 B3Z101 和 B3Z202 可知，前排桩 B3Z1 和后排桩 B3Z2 的水平位移基本保持同步发展，两条曲线均在前六级荷载作用下基本为线性增大且增幅不大；第十二级荷载后，随着荷载增大，水平位移增大趋势明显增强。

以上分析表明，无论是桩顶承台中心处位移，还是桩身与岩面接触处位移，均随着荷载的增大缓慢线性增长，之后有个缓变过程，最后位移显著增大。形成这种现象的主要原因是，在水平荷载较小时，用于钢护筒嵌岩桩基的强度大于地基强度，一部分荷载由桩基自身强度分担，另一部分荷载则传递到地基由岩（土）体抗力分担，而靠近地面处的岩（土）体此时处于弹性压缩阶段，因此会出现一个线性增大的过程，且增幅不大；随着水平荷载的增大，桩的变形进一步加大，表层岩（土）体逐渐承受更大的荷载从而开始产生弹塑性屈服，表现为整个桩基的位移增大且增大趋势较之前几级荷载作用下变得更为明显；随着水平荷载的进一步增大，水平荷载向岩（土）体更深处传递，并且表层岩（土）体开始大面积塑性屈服，位移显著增大，当变形增大到桩所不能承受的程度或桩周岩（土）体失去稳定时，桩土体系便趋于破坏。

4. 前排桩

图 6.35 给出了不同试验组（桩间距分别为 $1.5D$、$2.5D$、$3.5D$）中前排桩 B1Z1、B2Z1 和 B3Z1 桩身岩面处水平位移随桩顶荷载的变化曲线。

由图可知，3 种不同桩间距情况下前排桩的位移增大趋势基本一致，均为随着荷载的增大位移缓慢线性增大，之后有个缓变过程，最后位移显著增大。前五级荷载作用下3 种不同桩间距钢护筒嵌岩双桩的前排桩水平位移基本保持一致，此后虽有差异，但差值不大，增长趋势是类似的。

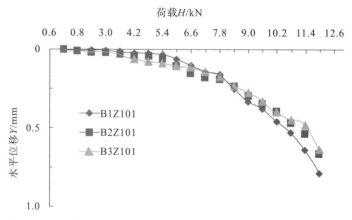

图 6.35 双桩模型试验 B1～B3 组中前排桩桩身岩面处荷载－位移曲线

5. 后排桩

图 6.36 给出了不同试验组（桩间距分别为 $1.5D$、$2.5D$、$3.5D$）中后排桩 B1Z2、B2Z2 和 B3Z2 桩身岩面处水平位移随桩顶荷载的变化曲线。

由图可知，3 种不同桩间距情况下后排桩的位移增大趋势基本一致，且与前排桩类似。

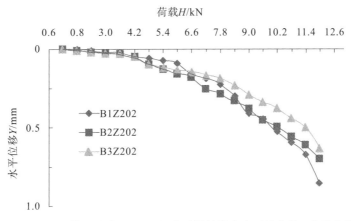

图 6.36　双桩模型试验 B1~B3 组中后排桩桩身岩面处荷载－位移曲线

6. 桩顶承台

图 6.37 给出了不同试验组（桩间距分别为 $1.5D$、$2.5D$、$3.5D$）中桩顶承台中心处水平位移随桩顶荷载的变化曲线。

由图可知，3 种不同桩间距情况下整个嵌岩群桩基础桩顶承台中心处位移增大趋势基本一致，均为随着荷载的增大位移缓慢线性增大，之后有个缓变过程，最后位移显著增大。在前六级荷载作用下，钢护筒嵌岩群桩基础承台中心处的水平位移基本一致，此后位移值略有变化，桩间距为 $3.5D$ 的钢护筒嵌岩双桩模型承台中心处的位移值基本小于其他两种桩间距模型的位移值；桩间距为 $1.5D$ 和 $2.5D$ 的钢护筒嵌岩双桩模型承台中心处的位移值仅在第七到第十三级荷载之间变化较大，之后又趋向一致。

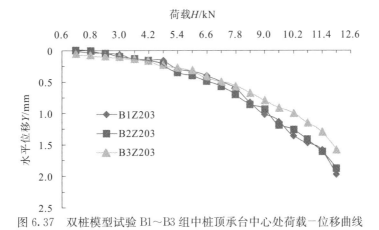

图 6.37　双桩模型试验 B1~B3 组中桩顶承台中心处荷载－位移曲线

6.4.2　桩身弯矩

1. B1 组

图 6.38 给出了桩间距为 $1.5D$ 时 B1 组前排桩 B1Z1 和后排桩 B1Z2 在分级水平荷载作用下桩身弯矩随入岩深度变化的关系曲线。

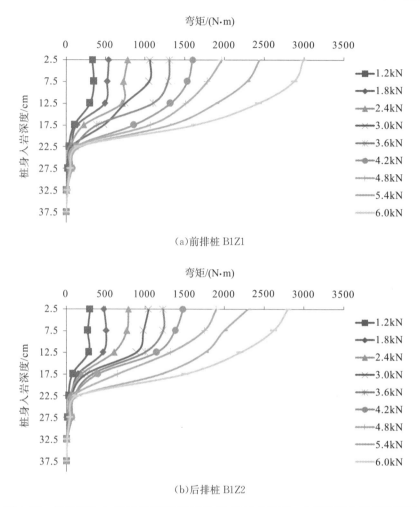

(a)前排桩 B1Z1

(b)后排桩 B1Z2

图 6.38　桩间距为 1.5D 时双桩模型试验 B1 组桩身弯矩－入岩深度曲线（见彩图）

由图可知，每级荷载下的弯矩均随入岩深度的增大先保持在一定的值，并无明显的峰值，然后迅速减小，最后基本减小为零；在入岩深度 1.5D（150mm）范围内弯矩变化不大，在入岩深度 3D（300mm）附近弯矩基本为零。随着荷载的增大，在前三、四级荷载下，入岩深度 1.5D 范围内，弯矩基本无太大变化，此后，弯矩随入岩深度增大而减小。

2. B2 组

图 6.39 给出了桩间距为 2.5D 时双桩模型试验 B2 组前排桩 B2Z1 和后排桩 B2Z2 在分级水平荷载作用下桩身弯矩随入岩深度变化的关系曲线。由图可知，桩身弯矩沿入岩深度的变化特点与 B1 组相同。

3. B3 组

图 6.40 给出了桩间距为 3.5D 时双桩模型试验 B3 组前排桩 B3Z1 和后排桩 B3Z2 在分级水平荷载作用下桩身弯矩随入岩深度变化的关系曲线。由图可知，桩身弯矩沿入岩深度的变化特点与 B1 组相同。

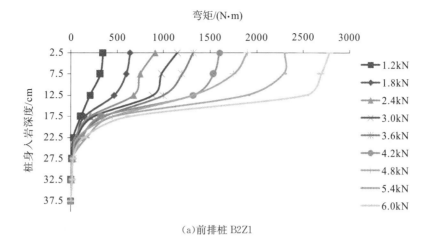

（a）前排桩 B2Z1

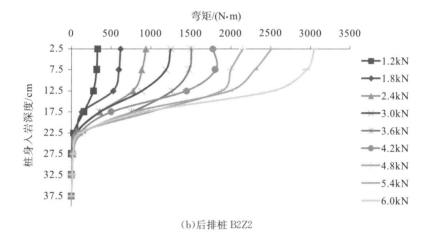

（b）后排桩 B2Z2

图 6.39 桩间距为 2.5D 时双桩模型试验 B2 组桩身弯矩－入岩深度曲线（见彩图）

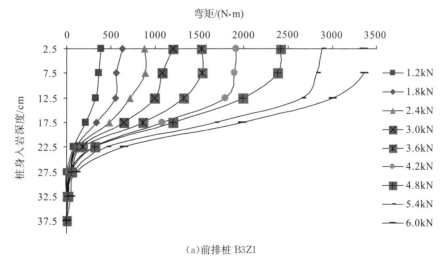

（a）前排桩 B3Z1

图 6.40 桩间距为 3.5D 时双桩模型试验 B3 组桩身弯矩－入岩深度曲线（见彩图）

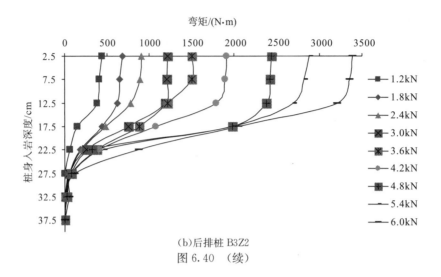

(b)后排桩 B3Z2

图 6.40　（续）

6.4.3　桩身挠曲

1.　B1 组

图 6.41 给出了桩间距为 1.5D 时双桩模型试验 B1 组前排桩 B1Z1 和后排桩 B1Z2 在分级水平荷载作用下桩身位移随入岩深度变化的关系曲线。

从图中可以看出，每级荷载下的桩身水平位移均随着入岩深度的增大而减小，此后水平位移缓慢减小到零；随着水平荷载的增大，桩身水平位移呈现增长趋势；前四、五级水平荷载作用下桩身水平位移较小，此后，随着荷载的增大，桩身水平位移明显增大。

2.　B2 组

图 6.42 给出了桩间距为 2.5D 时双桩模型试验 B2 组前排桩 B2Z1 和后排桩 B2Z2 在分级水平荷载作用下桩身水平位移随入岩深度变化的关系曲线。由图可知，桩身水平位移随入岩深度的变化特点与 B1 组相同。

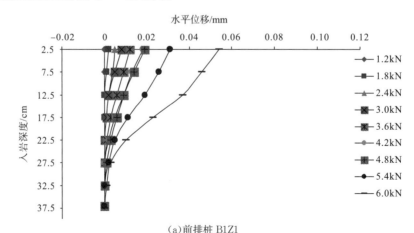

(a)前排桩 B1Z1

图 6.41　桩间距为 1.5D 时双桩模型试验 B1 组桩身水平位移－入岩深度曲线(见彩图)

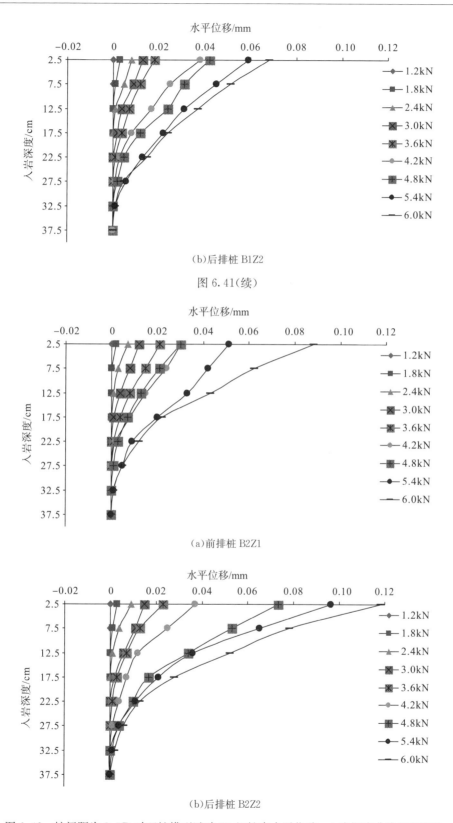

(b)后排桩 B1Z2

图 6.41(续)

(a)前排桩 B2Z1

(b)后排桩 B2Z2

图 6.42　桩间距为 2.5D 时双桩模型试验 B2 组桩身水平位移－入岩深度曲线(见彩图)

3. B3 组

图 6.43 给出了桩间距为 3.5D 时双桩模型试验 B3 组前排桩 B3Z1 和后排桩 B3Z2 在分级水平荷载作用下桩身水平位移随入岩深度变化的关系曲线。由图可知，桩身水平位移沿入岩深度的变化特点与 B1 组相同。

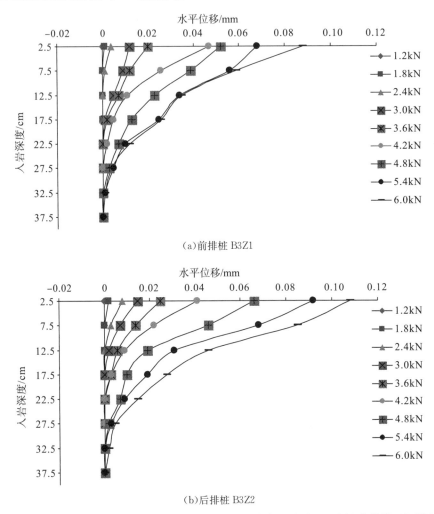

(a)前排桩 B3Z1

(b)后排桩 B3Z2

图 6.43　桩间距为 3.5D 时双桩模型试验 B3 组桩身水平位移－入岩深度曲线(见彩图)

6.4.4　模型破坏模式

由于钢护筒存在，因此钢护筒嵌岩桩的破坏模式与普通嵌岩桩存在一定的区别。为了能够更好地了解钢护筒嵌岩桩的破坏状态，从试验加载过程到试验最终结束，对钢护筒嵌岩双桩模型的破坏进行了跟踪观察，最后对地基进行开挖，以观察桩－岩(土)界面在水平荷载作用后的破坏形态[207]。

(1)在水平荷载作用下，3 组不同桩间距的钢护筒嵌岩双桩基础的桩基与地基接触面并无明显的损坏现象[208]。从岩层面上观察，发现桩－岩(土)基本上协调发展，无法判断是否出现明显的脱空或受压隆起现象。

（2）钢护筒嵌岩双桩模型的承台下部左、右两侧均出现斜剪破坏，其原因可能为钢护筒嵌岩桩外部包裹的钢护筒强度大于普通混凝土的强度，在施加水平荷载作用时出现与水平方向约成 45° 的剪切荷载，如图 6.44 所示。

图 6.44　钢护筒嵌岩双桩模型承台下部剪切破坏情况

（3）地基完全开挖后，观察 3 组不同桩间距的钢护筒嵌岩双桩模型，发现 3 种不同桩间距的钢护筒嵌岩桩桩身上均存在裂缝，且出现拉裂缝的区域均为钢护筒下端面附近，但桩间距为 2.5D 的钢护筒嵌岩双桩模型后排桩的裂缝位置下移 30mm 左右，如图 6.45 至图 6.47 所示。需要指出的是，图 6.45 中前排桩下部损伤为地基开挖时人为原因所致，并不是试验中的水平荷载作用所致。

图 6.45　桩间距为 1.5D 的双桩模型试验 B1 组桩身裂缝

以上分析表明，钢护筒嵌岩双桩基础中，钢护筒两端位置易发生破坏。钢护筒上端若插入承台，易造成承台破损；钢护筒下端处易出现桩身断裂[209]。其原因为钢护筒与混凝土两种材料的自身性质不同，两种材料具有不同的弹性模型[210]，表现出不同的抗拉、抗压性能，从而导致应力集中现象。

图 6.46   桩间距为 2.5D 的双桩模型试验 B2 组桩身裂缝

图 6.47   桩间距为 3.5D 的双桩模型试验 B3 组桩身裂缝

6.5　钢护筒对嵌岩桩承载性状的影响

通过对比分析相同桩间距、不同类型嵌岩桩的试验数据，可以研究水平荷载下钢护筒对嵌岩双桩基础承载性状的影响[211]。

6.5.1　钢护筒对荷载－位移关系的影响

1.　桩间距为 1.5D

图 6.48 所示为桩间距为 1.5D 时普通嵌岩双桩模型 A1 组和钢护筒嵌岩双桩模型 B1 组中各模型桩桩身岩面和桩顶承台中心处水平位移随荷载的变化曲线。

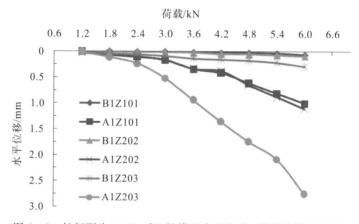

图 6.48　桩间距为 1.5D 时双桩模型水平位移－荷载曲线（见彩图）

从图中可以明显看出，钢护筒嵌岩双桩基础前排桩（曲线 B1Z101）、后排桩（曲线 B1Z202）的水平位移和桩顶承台中心处的水平位移（曲线 B1Z203）均明显小于普通嵌岩双桩基础前排桩（曲线 A1Z101）、后排桩（曲线 A1Z202）和桩顶承台中心处（曲线 A1Z203）的水平位移。

2.　桩间距为 2.5D

图 6.49 所示为桩间距为 2.5D 时普通嵌岩双桩模型 A2 组和钢护筒嵌岩双桩模型 B2 组中各模型桩桩身岩面和桩顶承台中心处水平位移随荷载的变化曲线。由图可知，有钢护筒时，相同荷载下的水平位移较小[212]。

3.　桩间距为 3.5D

图 6.50 所示为桩间距为 3.5D 时普通嵌岩双桩模型 A3 组和钢护筒嵌岩双桩模型 B3 组中各模型桩桩身岩面和桩顶承台中心处水平位移随荷载的变化曲线。由图可知，有钢护筒时，相同荷载下的水平位移仍较小。

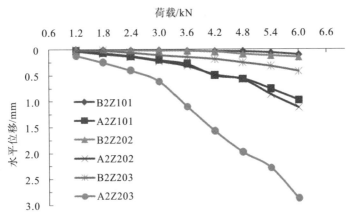

图 6.49　桩间距为 2.5D 时双桩模型水平位移－荷载曲线（见彩图）

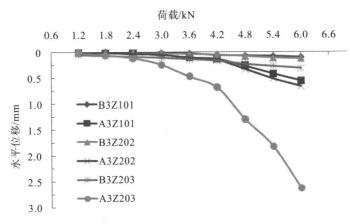

图 6.50　桩间距为 3.5D 时双桩模型水平位移－荷载曲线

从以上分析可知，相同水平荷载作用下钢护筒嵌岩双桩基础的最大水平位移明显小于普通嵌岩双桩基础，可以认为钢护筒能够明显约束桩基水平位移[213]。

6.5.2　钢护筒对模型破坏模式的影响

对比分析前文模型桩的破坏特点，可以得出如下几点认识：

（1）钢护筒能够更好地协调桩身与地基岩层的共同作用，水平荷载作用下桩身与地基岩面处不易出现明显脱空或者地基明显隆起现象。

（2）钢护筒能够有效避免嵌岩桩顶近承台底面部位出现环向拉裂缝，或者减小出现环向拉裂缝的可能性。但是，当钢护筒深入承台底面后，在施加水平荷载后承台易出现斜剪破坏[214]。

（3）钢护筒能够提高嵌岩桩的水平承载力，因此钢护筒嵌岩双桩基础出现拉裂缝的可能性减小，但钢护筒下端位置桩身易开裂。

6.6　本章小结

本章采用室内物理模型试验，研究了水平荷载作用下，不同桩间距的普通嵌岩双桩基础和钢护筒嵌岩双桩基础的承载性状。主要结论如下：

(1)随着水平荷载的增大，两种嵌岩双桩基础水平位移均缓慢增大，之后有个缓变过程，最后水平位移显著增大；随着桩间距的增大，普通嵌岩双桩基础的水平位移基本呈现减小的趋势[215]。

(2)普通嵌岩双桩基础中模型桩的桩身弯矩随入岩深度的增大先增大到一个峰值，然后迅速减小，此后有一个略微增大的过程，最后基本减小为零，最大弯矩位于入岩深度 $1D$ 附近，在入岩深度 $3D$ 处存在弯矩增大现象；钢护筒嵌岩双桩基础中模型桩的桩身弯矩随入岩深度的增大先保持一定值，并无明显增大，然后迅速减小，最后基本减小为零[216]，在入岩深度 $1.5D$ 范围内变化不大，在入岩深度 $3D$ 附近基本为零。

(3)两种嵌岩桩的桩身水平位移均随入岩深度的增大而减小，在入岩深度 $2D$ 以内减小比较明显，此后水平位移缓慢减小到零。

(4)相同水平荷载作用下，钢护筒嵌岩双桩基础的水平位移明显小于普通嵌岩双桩基础的水平位移[217]。

(5)钢护筒在一定程度上能够提高嵌岩桩的水平承载力。

第7章 深水码头钢护筒嵌岩桩承载性状数值模拟

深水码头钢护筒嵌岩桩承载机理复杂，影响因素繁多，仅靠物理模型试验难以全面揭示其承载机理，且物理模型试验成本高、效率低，存在尺寸效应的影响[218-226]。数值模拟方法是探索桩基承载规律的另一种主要方法[227-229]，在传统桩基的竖向、水平承载性状研究中发挥了巨大的作用。鉴于钢护筒嵌岩桩与传统桩基在结果及使用环境上的区别，本章首先探索钢护筒嵌岩桩的数值模拟方法，包括钢护筒嵌岩桩不同材料本构模型的选择、界面接触参数的确定以及初始地应力的处理等，然后在此基础上对钢护筒嵌岩桩单桩及群桩的承载规律进行模拟，并分析桩身和地基性质对桩基承载的影响。

7.1 钢护筒嵌岩桩数值建模

数值建模涉及材料本构模型、材料参数的取值、桩−岩(土)体接触面理论等[230,231]，本节结合数值模拟常用的 ABAQUS、Ansys、Plaxis 等商用软件，介绍钢护筒嵌岩桩承载性状模拟的数值建模方法。

7.1.1 本构模型

常用的用于模拟岩土体的本构有莫尔−库仑模型和德鲁克−普拉格模型[7,232-237]，还有专门适用于模拟混凝土材料的塑性损伤(concrete damaged plasticity)模型。

1. 莫尔−库仑模型

莫尔−库仑模型服从经典的莫尔−库仑屈服准则，允许材料各向同性硬化或软化，采用光滑的塑性流动势。流动势在子午面上为双曲线形状，在偏应力平面上为分段椭圆形状，可以真实反应岩土、岩石材料的受拉强度远低于受压强度的客观事实，在岩土工程中应用非常广泛。

1)屈服准则

莫尔−库仑屈服准则：作用于某一点的剪应力达到该点的抗剪强度时，该点即发生破坏。剪切强度与作用在该面的正应力呈线性关系。莫尔−库仑模型是基于材料破坏时应力状态的莫尔圆提出的，破坏线是与这些莫尔圆相切的直线，如图 7.1 所示。

莫尔−库仑的强度准则为

$$\tau = c - \sigma \tan\varphi \tag{7.1}$$

式中，τ 为抗剪强度；σ 为正应力；c 为材料的黏聚力；φ 为材料的内摩擦角。

由莫尔圆可得

$$\tau = s\cos\varphi \tag{7.2}$$

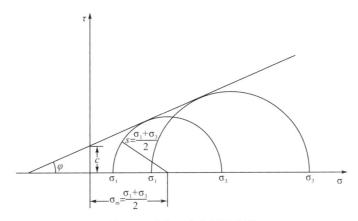

图 7.1　莫尔－库仑屈服准则

$$\sigma = \sigma_m + s\sin\varphi \tag{7.3}$$

将式(7.2)代入式(7.3)，整理后莫尔－库仑强度准则可写为

$$s + \sigma_m\sin\varphi - c\cos\varphi = 0 \tag{7.4}$$

式中，$s = \dfrac{1}{2}(\sigma_1 - \sigma_3)$，$\sigma_m = \dfrac{1}{2}(\sigma_1 + \sigma_3)$。

2)屈服特性

莫尔－库仑模型的屈服面函数为

$$F = R_{mc}q - p\tan\varphi - c = 0 \tag{7.5}$$

式中，p 为等效压应力；q 为 Mises 等效应力；φ 是 q-p 应力面上莫尔－库仑屈服面的倾斜角，称为材料的内摩擦角，$0° \leqslant \varphi \leqslant 90°$，其控制了屈服面在 π 平面上的形状，如图 7.2 所示；$R_{mc}(\Theta, \varphi)$ 为莫尔－库仑偏应力系数，定义为

$$R_{mc} = \frac{1}{\sqrt{3}\cos\varphi}\sin\left(\Theta + \frac{\pi}{3}\right) + \frac{1}{3}\cos\left(\Theta + \frac{\pi}{3}\right)\tan\varphi \tag{7.6}$$

式中，Θ 为广义剪应力方位角。

$$\cos(3\Theta) = \frac{r^3}{q^3} \tag{7.7}$$

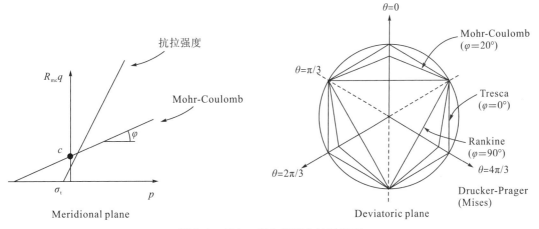

图 7.2　莫尔－库仑模型中的屈服面

3）流动法则

莫尔－库仑模型的塑性势面采用了连续光滑的椭圆函数，其形状在子午面上呈双曲线，在π平面上呈椭圆形，如图7.3所示。双曲线型的流动势函数控制方程为

$$G = \sqrt{(\varepsilon c_0 \tan\psi)^2 + (R_{mw}q)^2} - p\tan\psi \tag{7.8}$$

$$R_{mw}(\Theta, e) = \frac{4(1-e^2)\cos^2\Theta + (2e-1)^2}{2(1-e^2)\cos\Theta + (2e-1)\sqrt{4(1-e^2)\cos^2\Theta + 5e^2 - 4e}} R_{mc}\left(\frac{\pi}{3}, \varphi\right) \tag{7.9}$$

$$R_{mc}\left(\frac{\pi}{3}, \varphi\right) = \frac{3-\sin\varphi}{6\cos\varphi} \tag{7.10}$$

式中，ψ 为剪胀角；c_0 为初始黏聚力；ε 和 e 为定义塑性势面在子午面和在π平面上的形状参数，ε 一般取为 0.1，e 可表示为

$$e = \frac{3-\sin\varphi}{3+\sin\varphi} \tag{7.11}$$

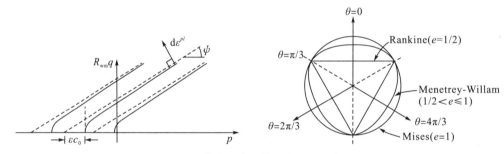

图7.3　莫尔－库仑模型中的塑性势面

2. 德鲁克－普拉格模型

在土力学中，另一个能准确描述岩土材料强度的准则为德鲁克－普拉格屈服准则，使用德鲁克－普拉格屈服准则的材料称为 DP 材料。在岩石、土壤的有限元分析中，采用 DP 材料可得到较为精确的结果。

德鲁克－普拉格屈服准则是对莫尔－库仑准则的近似，其流动准则既可以使用相关流动准则，也可以使用不相关流动准则，其屈服面并不随着材料的逐渐屈服而改变，因此没有强化准则，然而其屈服准则随着侧限压力（静水压力）的增大而相应增加，其塑性行为被假定为理想弹塑性。另外，此种材料考虑了由于屈服引起的体积膨胀，但不考虑温度变化的影响。

对于德鲁克－普拉格模型，其受压屈服强度大于受拉屈服强度。如果已知单轴受拉屈服应力和单轴受压屈服应力，则内摩擦角和黏聚力可表示为

$$\varphi = \sin^{-1}\left[\frac{3\sqrt{3}\beta}{2+\sqrt{3}\beta}\right] \tag{7.12}$$

$$C = \frac{\sigma_y \sqrt{3}(3-\sin\varphi)}{6\cos\varphi} \tag{7.13}$$

式中，β 和 σ_y 与受压屈服应力和受拉屈服应力的关系为

$$\beta = \frac{\sigma_c - \sigma_t}{\sqrt{3}(\sigma_c + \sigma_t)} \tag{7.14}$$

$$\sigma_y = \frac{2\sigma_c\sigma_t}{\sqrt{3}(\sigma_c + \sigma_t)} \tag{7.15}$$

德鲁克－普拉格模型的等效应力的表达式为

$$\sigma_e = 3\beta\sigma_m + \left(\frac{1}{2}\{S\}^{\mathrm{T}}[M]\{S\}\right)^{1/2} \tag{7.16}$$

其中，$\sigma_m = 1/3(\sigma_x + \sigma_y + \sigma_z)$，为平均应力或静水压力；$\{S\}$ 为偏应力；β 为材料常数；$\{M\}$ 为 Mises 屈服准则中的 $[M]$。

上面的屈服准则是一种经过修正的 Mises 屈服准则，它考虑了静水应力分量的影响，静水应力（侧限压力）越大，则屈服强度越大。

材料常数 β 的表达式如下：

$$\beta = \frac{2\sin\varphi}{\sqrt{3}(3 - \sin\varphi)} \tag{7.17}$$

屈服准则的表达式如下：

$$\sigma_y = \frac{6C\cos\varphi}{\sqrt{3}(3 - \sin\varphi)} \tag{7.18}$$

最后屈服准则的表达式为

$$F = 3\beta\sigma_m + \left(\frac{1}{2}\{S\}^{\mathrm{T}}[M]\{S\}\right)^{1/2} - \sigma_y = 0 \tag{7.19}$$

对于德鲁克－普拉格模型，当材料参数 β、σ_y 给定后，屈服面为一圆锥面，此圆锥面是六角形的莫尔－库仑屈服面的外切锥面。

3. 塑性损伤模型

Lubliner 和 Lee、Fenves 提出的损伤塑性模型可专门用于混凝土模拟，该模型假设混凝土材料主要因拉裂或压碎而破坏，屈服面的发展是由拉伸等效塑性应变 $\tilde{\varepsilon}_t^{pl}$ 和压缩等效塑性应变 $\tilde{\varepsilon}_c^{pl}$ 控制的，它考虑了材料拉压性能的差异，主要用于模拟低静水压力下由损伤引起的不可恢复的材料退化，可用于单向载入、循环载入及低侧压下的动态加载等情况。

1）应力－应变关系

$$\sigma = (1-d)D_0^{el} : (\varepsilon - \varepsilon^{pl}) = D^{el} : (\varepsilon - \varepsilon^{pl}) \tag{7.20}$$

式中，σ 为应力张量；d 为刚度损伤因子，是无量纲化的刚度退化参数；ε 为应变张量；D_0^{el} 为初始（未受损伤）的材料弹性刚度；D^{el} 为受损伤之后的材料弹性刚度。

2）屈服条件

塑性损伤模型的屈服函数采用有效应力表示（图 7.4）为

$$F(\bar{\sigma}, \tilde{\varepsilon}^{pl}) = \frac{1}{1-\alpha}(\bar{q} - 3\alpha\bar{p} + \beta(\tilde{\varepsilon}^{pl})\langle\hat{\bar{\sigma}}_{max}\rangle - \gamma\langle-\hat{\bar{\sigma}}_{max}\rangle) - \bar{\sigma}_c(\tilde{\varepsilon}_c pl) \leqslant 0 \tag{7.21}$$

式中，α 和 γ 为与尺寸无关的材料常数；$\bar{p}$ 为有效静水压力；$\bar{q}$ 为 Mises 等效有效应力；$\bar{\sigma}$ 为有效应力张量；$\hat{\bar{\sigma}}_{max}$ 为 $\bar{\sigma}$ 的最大特征值；函数 $\beta(\tilde{\varepsilon}^{pl})$ 可表示为

$$\beta(\widetilde{\varepsilon}^{pl}) = \frac{\overline{\sigma}_c(\widetilde{\varepsilon}_c^{pl})}{\overline{\sigma}_t(\widetilde{\varepsilon}_t^{pl})}(1-\alpha) - (1+\alpha) \tag{7.22}$$

3）流动法则

塑性损伤模型采用非相关联塑性流动法则

$$\gamma\dot{\varepsilon}^{pl} = \dot{\lambda}\frac{\partial G(\overline{\sigma})}{\partial\overline{\sigma}} \tag{7.23}$$

塑性流动势 G 基于德鲁克－普拉格双曲线函数可表示为

$$G = \sqrt{(\varepsilon\sigma_{t0}\tan\psi)^2 + \overline{q}^2} - \overline{p}\tan\psi \tag{7.2}$$

式中，ψ 为屈服面在 $\overline{p}-\overline{q}$ 平面内的投影与 $\overline{p}$ 轴的夹角；σ_{t0} 为单轴拉伸的失效应力；ε 为双曲线的离心率。

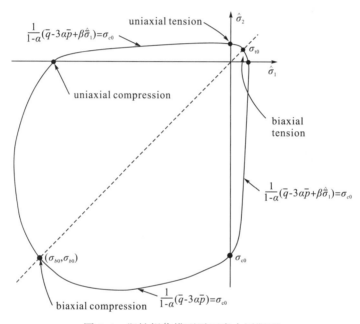

图 7.4　塑性损伤模型平面应力屈服面

4. 钢材模型

钢筋混凝土本构模型对于钢筋混凝土结构的非线性分析有重大影响。钢筋混凝土的本构模型就是表示在各种外载作用下钢筋混凝土的应力与应变间的变化关系。通常，钢筋混凝土的本构模型可以分为线性弹性、非线性弹性、弹塑性及其他力学理论 4 类。

线性弹性理论认为应力应变加载、卸载时呈线性关系，服从胡克定律，应力应变是相互对应的关系。在实际结构设计中线性弹性仍然是应用很广泛的本构模型。

非线性弹性理论认为应力－应变不成正比，但是有一一对应的关系。卸载后没有残余应变，应力状态完全由应变状态决定，而与加载历史无关。非线性弹性本构模型分为全量型（如 Ottosen 模型）和增量型（如 Darwin-Pecknold 模型）两类。

弹塑性本构模型把屈服面和破坏面分开来处理。根据混凝土单轴受压的试验研究结果，混凝土在应力未达到其强度极限以前，应力－应变的非线性关系主要受塑性变形的影响，这可以用屈服面理论来解释。而在应力－应变曲线的下降阶段，混凝土的非线性关系则主要受混凝土内部微断裂的影响，表现为损伤断裂的关系，可用破坏准则来评判。

钢材属于弹塑性材料，下面简要介绍常用的 4 种弹塑性材料模型。

1)双线性随动强化模型 BKIN

双线性随动强化模型采用 Mises 屈服准则和随动强化准则，以两条直线段描述材料的应力-应变关系，如图 7.5 所示。通过弹性模量、屈服应力和切线模量定义应力-应变关系曲线，可定义 6 种温度下的曲线关系，切线模量不能小于零，也不能大于弹性模量。

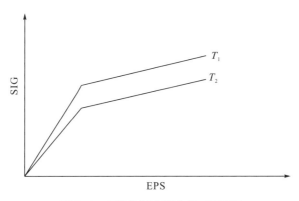

图 7.5　双线性随动强化模型 BKIN

2)多线性随动强化模型 MKIN

多线性随动强化可采用 MKIN(固定表)材料模型，它用于多线性的应力-应变曲线模拟随动强化效应，如图 7.6 所示。MKIN 模型最多允许 5 个应力-应变数据点，最多 5 条温度相关曲线，并且有附加限制条件：各条应力-应变曲线必须用同一组应变值，即采用一组应变值与各种温度下的不同应力对应；曲线的第一点必须与弹性模量一致，不允许有大于弹性模量的斜率段；当实际应变值超过输入曲线终点时，假定为理想塑性材料行为。

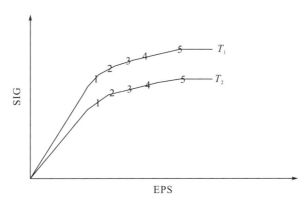

图 7.6　多线性随动强化模型 MKIN

3)双线性等向强化模型 BISO

双线性等向强化模型一般用于初始各向同性材料的大应变问题。

4)多线性等向强化模型 MISO

多线性等向强化模型适用于比例加载的情况和大应变分析，最多可输入 100 个应力－应变数据点，最多可定义 20 条不同温度下的曲线。

7.1.2　接触面模型

钢护筒嵌岩桩接触面相互作用问题包含接触模拟方法的选择、接触对的定义以及接触面上本构关系的定义 3 个方面的内容[188,237,238]。

1. 接触模拟方法的选择

将接触界面条件引入求解方程中的方法主要有两种：一种是拉格朗日乘子法，另一种是罚函数法。与拉格朗日乘子法相比，罚函数法在不增加问题自由度的前提下引入接触界面的约束条件，在求解过程中可以避免由于系数矩阵非正定导致的计算不收敛，因此，本书数值计算涉及的 4 种接触界面的模拟方法均选用罚函数法。

2. 接触对的定义

采用主－从接触算法，一个接触对需要一个主控面和一个从属面。在接触对中，必须指定主从接触面，选择刚度较大的面作为主控面，刚性面应为主控面，从面上的网格应该比主面的更加细密。在接触分析中从属面上的节点不会穿透主控面，主控面上的节点可以穿透从属面。钢护筒嵌岩桩承载力数值计算的模型中涉及 4 种接触面：钢管与混凝土的接触对中，钢管为主控面，混凝土为从属面；钢管与填土的接触对中，钢管为主控面，填土为从属面；钢管与岩石的接触对中，钢管为主控面，岩石为从属面；混凝土与岩石的接触对中，混凝土为主控面，岩石为从属面。

3. 接触面上本构关系的定义

定义接触面上的相互作用需要分别定义接触面上的法向作用和切向作用两部分。

对于绝大多数接触问题来说，接触面上的法向行为十分明确，即两物体只有在压紧状态时才能传递法向压力 p，若两物体之间存在间隙则不传递法向压力。当接触面上有法向接触压力 p 时，接触面之间可以传递切向应力，即摩擦力。ABAQUS 中提供了库仑摩擦模型来描述接触面上的相互作用，极限剪应力可按下式计算：

$$\tau_{\text{crit}} = \mu p \tag{7.25}$$

式中，τ_{crit} 为接触面上的极限剪应力；p 为接触面上的法向接触压力；μ 为接触面上的摩擦系数。

7.1.3　初始地应力的处理

在岩土工程的数值计算中，初始地应力场是必须给予重视的因素。不同的商用软件都有初始地应力的处理方法，如 ABAQUS 软件分析步中有专门的 Geostatic 分析步用来进行地应力平衡。在该分析步中施加体积力，该作用力与岩土体的初始应力平衡，使得岩土体的初始位移场为零，而形成需要的受到重力作用的应力场，以符合实际的地质条件。

7.1.4　钢护筒嵌岩桩有限元建模实例

对码头大直径钢护筒嵌岩桩的有限元模拟研究单桩在竖向荷载和水平向荷载下的承载性状，分析处理问题的一般步骤如下：建模时，在模型中建立含混凝土桩身、钢护筒以及地基岩土体的几何模型，划分网格并赋予各部分的材料属性；第一个分析步进行地应力平衡，考虑到桩的施工过程，在地应力平衡时，将桩和钢护筒及对应的接触对移除并约束桩孔处的水平位移，只对地基进行地应力平衡；第二个分析步将桩、钢护筒和接触对加上，同时激活桩与地基间的接触对，施加桩和钢护筒的自重，以模拟桩基的施工过程；第三个分析步施加竖向荷载或水平向荷载进行承载力计算。

以重庆港果园码头二期扩建项目的灌注式嵌岩桩为原型，钢护筒采用弹性–强化模型，桩身混凝土采用塑性损伤模型，地基岩土体采用莫尔–库仑模型，地面以上桩长取 10m，建立三维有限元计算模型，由于模型的对称性，取整个模型的 1/2 进行建模。为了保证数值计算的精度，同是满足边界条件，模型的影响范围水平方向取 20 倍桩径，桩底以下取 2 倍桩长。

影响有限元计算时间和结果精度的一个非常重要的因素就是模型的网格，网格的优劣会对计算精度的影响非常大，一般来讲，网格划分越细，结果越精确，但是网格尺寸越小，计算机工作量越大，计算时间也相应地越长。网格划分的原则是既能保证具有足够的精度，又不使单元太多。对于不同的结构，合适的网格尺寸需要在不断的调整中获得。桩身混凝土、钢护筒、地基岩土体均采用 C3D8R 实体单元（8 节点线性减缩积分单元），在靠近嵌岩桩的区域细化网格，远离嵌岩桩的区域网格逐渐变疏，有限元网格划分图如图 7.7 所示。

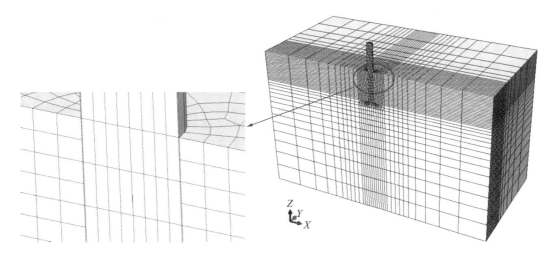

图 7.7　有限元计算模型及网格划分

如图 7.7 所示，在 xz 对称面上施加对称边界条件，地基底面约束 x、y、z 3 个方向上的位移，地基侧面约束 x、y 方向上的位移。

7.2　钢护筒嵌岩桩单桩承载性状数值模拟

7.2.1　模型参数

利用 ABAQUS 软件，对 7.1.4 中建立的钢护筒嵌岩桩模型进行竖向及水平承载的数值模拟。模型基本材料参数取值：桩身混凝土采用 C30 混凝土，密度 $\rho_c = 2500\text{kg/m}^3$，弹性模量 $E_c = 30\text{GPa}$，弹性阶段的泊松比 $\nu_c = 0.2$，混凝土轴心抗压强度 $f_c = 20.1\text{MPa}$，轴心抗拉强度 $f_t = 2.01\text{MPa}$；钢护筒采用 Q235 钢材，密度 $\rho_s = 7850\text{kg/m}^3$，弹性模量 $E_s = 206\text{GPa}$，弹性阶段的泊松比 $\nu_s = 0.3$，屈服强度 $f_y = 235\text{MPa}$；结合长江中上游码头建设的实际情况，地质条件主要以砂岩、泥岩及砂泥岩互层为主，地基岩石多为软岩或极软岩，参照重庆地区试验资料和工程岩体分级标准，地基岩体的基本参数取：弹性模量 $E_R = 3\text{GPa}$，泊松比 $\nu_R = 0.3$，黏聚力 $c = 400\text{kPa}$，摩擦角 $\varphi = 30°$，密度 $\rho_R = 2500\text{kg/m}^3$；上覆土层以砂泥岩混合填土为主，砂泥岩混合填土的参数通过三轴试验测得，取砂岩颗粒质量与泥岩颗粒质量比为 8∶2，饱和状态下的三轴试验结果：黏聚力为 27kPa，摩擦角为 20°，弹性模量为 100MPa，泊松比为 0.35，密度为 2100kg/m³。

桩侧摩阻力是桩基竖向承载力的重要组成部分，结合试验数据和相关文献资料，钢管与桩身混凝土间的摩擦系数取 0.5，钢管与上覆土层间的摩擦系数取 0.3，钢管与岩层间的摩擦系数取 0.4，桩身混凝土与岩层间的摩擦系数取 0.35。

7.2.2　桩基竖向承载计算结果分析

为了研究竖向荷载作用下大直径钢护筒嵌岩桩的承载性状，分别建立了有钢护筒和无钢护筒情况下的模型，以便对比研究，加载方式采用位移加载机制，在桩顶分 20 级施加 40mm 的位移荷载，每级 2mm。

1. 荷载-沉降曲线

图 7.8 给出了嵌岩桩有、无钢护筒时的桩顶荷载-沉降曲线。可以看出，桩顶荷载-沉降曲线均为缓变型，无钢护筒时嵌岩桩位移荷载加载到 34mm 后，嵌岩桩已经发生破坏，有钢护筒时嵌岩桩加载到 40mm 时桩基仍未破坏，为了方便比较，下面分析时取沉降为 34mm 时所对应的荷载作为桩基竖向承载力（表 7.1）。

表 7.1　沉降为 34mm 时嵌岩桩的竖向承载力

有无钢护筒	无	有
竖向承载力/MN	72.042	90.47

综上所述，可知考虑钢护筒后嵌岩桩的竖向承载力得到提高，桩顶荷载在沉降较小时，差别不大，随沉降的增大差距增大。

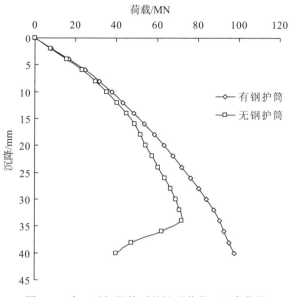

图 7.8　有、无钢护筒时的桩顶荷载−沉降曲线

2. 桩身的轴力

图 7.9 和图 7.10 分别给出了各级位移荷载下有、无钢护筒时桩身轴力随深度的变化曲线。桩身轴力均随深度递减，无钢护筒的嵌岩桩泥面以上的轴力几乎保持不变，有钢护筒的嵌岩桩钢护筒段荷载随深度递减速度快，钢护筒与桩身混凝土间产生侧摩阻力使钢护筒段混凝土桩身的轴力得到大幅提高，整体上提高了嵌岩桩的竖向承载力。因此，在钢护筒嵌岩桩承载力计算中有必要考虑钢护筒的影响。

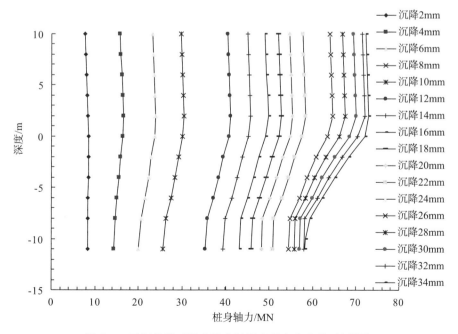

图 7.9　无钢护筒时桩身轴力随深度的变化曲线（见彩图）

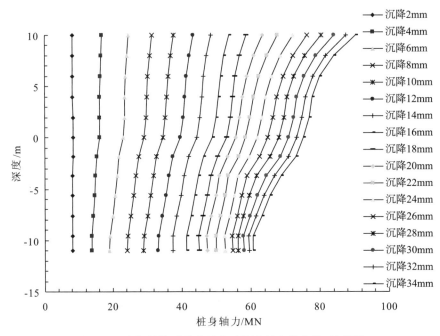

图 7.10　有钢护筒时桩身轴力随深度的变化曲线(见彩图)

3. 桩侧摩阻力

图 7.11 和图 7.12 分别给出了各级位移荷载下混凝土桩身侧摩阻力随深度的变化曲线。可以看出，无钢护筒时嵌岩桩的侧摩阻力曲线呈双峰型，有钢护筒时嵌岩桩钢护筒段提供了较大的侧摩阻力。

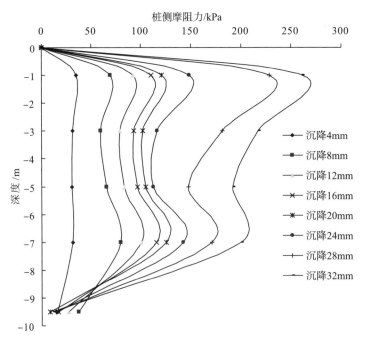

图 7.11　无钢护筒时混凝土桩身侧摩阻力随深度的变化曲线(见彩图)

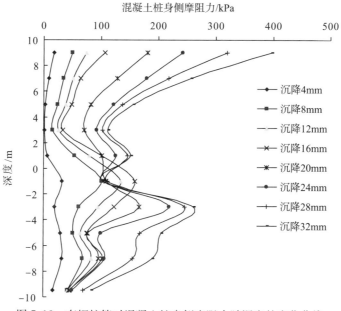

图 7.12　有钢护筒时混凝土桩身侧摩阻力随深度的变化曲线

7.2.3　桩基竖向承载影响因素分析

1. 嵌岩深度的影响

为了研究嵌岩深度对大直径钢护筒嵌岩桩竖向承载性状的影响,嵌岩深度分别取 $3D$、$4D$、$5D$、$6D$、$7D$,进行单桩竖向承载力的数值计算,位移荷载均加载至 40mm。图 4.10 给出了不同嵌岩深度下的桩顶荷载-沉降曲线,取沉降 40mm 时对应的荷载作为嵌岩桩的竖向承载力进行比较分析,不同嵌岩深度下的竖向承载力见表 7.2。

表 7.2　不同嵌岩深度下的竖向承载力

参数	嵌岩深度				
	$3D$	$4D$	$5D$	$6D$	$7D$
竖向承载力 Q/MN	94.19	95.716	97.718	100.112	102.004
桩端阻力 Q_b/MN	68.828	65.316	63.862	62.144	61.084
Q_b/Q	0.73	0.68	0.65	0.62	0.60

可以看出,钢护筒嵌岩桩的竖向承载力随嵌岩深度的增大而增大,但增幅较小,桩端阻力随嵌岩深度的增大而减小,桩侧阻力逐渐增大,因此不能简单地将嵌岩桩视为端承桩,随嵌岩深度的增大,桩侧阻力在承载力中所占的比重在增加,一味靠增大嵌岩深度来提高桩基的承载力是有限的,而且会增大施工成本和难度。

2. 桩径的影响

为了研究桩径对钢护筒嵌岩桩竖向承载性状的影响,计算工况取嵌岩桩长 21m,其中嵌岩深度为 11m,钢护筒长 12.75m,其中嵌岩深度为 2.75m。桩径分别取 1800mm、

2000mm、2200mm、2400mm、2600mm，进行单桩竖向承载力的数值计算，位移荷载加载至 40mm，其中桩径 $D=1800$mm 时，只加载至 33.086mm，数值计算迭代不收敛退出计算。为了方便比较不同桩径下钢护筒嵌岩桩的承载力，取桩顶沉降为 40mm 时所对应的荷载为桩基竖向承载力，沉降不足 40mm 时，取计算终止时的荷载，见表 7.3。

表 7.3　不同桩径下的竖向承载力

参数	桩径 D/mm				
	1800	2000	2200	2400	2600
竖向承载力 Q/MN	66.636	88.614	97.718	116.296	130.058
桩端阻力 Q_b/MN	41.634	55.166	63.862	77.726	89.546
Q_b/Q	0.625	0.623	0.65	0.668	0.689

可以看出，钢护筒嵌岩桩的竖向承载力随嵌岩桩桩径的增大而增大，在承载相同荷载时沉降随桩径的增大而减小。竖向承载力随桩径增大的关系近似于线性关系，桩端阻力同样随桩径的增大而增大。通过增大钢护筒嵌岩桩的桩径来提高桩基的竖向承载力是有效的，但增大桩径势必会使工程造价大幅升高，故在实际工程实践中，要综合考虑选取合理的桩径。

3. 钢护筒嵌岩深度的影响

为了研究钢护筒嵌岩桩深度对嵌岩桩竖向承载力的影响，计算工况嵌岩桩桩径取 2200mm，钢护筒的嵌岩深度取 0m、2.75m、5.5m、8.25m、11.0m，进行单桩竖向承载力的数值计算，位移荷载加载至 40mm。取桩顶沉降 40mm 时对应的荷载作为嵌岩桩的竖向承载力进行比较分析，不同钢护筒嵌岩深度下的竖向承载力见表 7.4。

表 7.4　不同钢护筒嵌岩深度下的竖向承载力

参数	钢护筒嵌岩深度/m				
	0	2.75	5.5	8.25	11
竖向承载力 Q/MN	72.164	97.718	101.458	84.84	89.892
桩端阻力 Q_b/MN	58.176	63.862	66.654	67.404	73.55
Q_b/Q	0.806	0.65	0.657	0.794	0.818

可以看出，钢护筒嵌岩桩的竖向承载力并不是随钢护筒嵌岩深度的增大而一直增大，故并不是钢护筒嵌岩越深，桩基承载力就越高。

7.2.4　桩基水平承载计算结果分析

为了研究水平荷载作用下大直径钢护筒嵌岩桩的承载性状，分别建立了有钢护筒和无钢护筒情况下的模型，以便对比研究，桩顶自由，在桩顶施加 2000kN 的水平力，分 10 级施加。

1. 桩顶的荷载－位移曲线

图 7.13 给出了有钢护筒和无钢护筒时嵌岩桩桩顶的荷载－位移曲线。有钢护筒时水平力加载至 2000kN，无钢护筒时水平力只加载到 800kN。有钢护筒时，桩顶荷载－位移

曲线在水平荷载 2000kN 内为缓变型曲线，相比无钢护筒时嵌岩桩的水平承载力得到大幅提高。以水平力加载至 600kN 为例，无钢护筒嵌岩桩的桩顶位移为 18.26mm，有钢护筒嵌岩桩的桩顶位移仅为 10.32mm，考虑钢护筒后水平位移减少了约 43.5%。

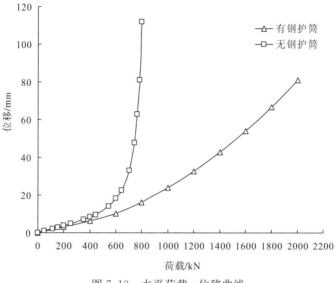

图 7.13　水平荷载－位移曲线

2. 桩身的水平位移

图 7.14 和图 7.15 分别给出了各级水平荷载下有钢护筒和无钢护筒时桩身水平位移沿桩长方向的关系曲线。可以看出，桩身的水平位移随水平荷载的增大而增大，在各级荷载作用下桩顶处的位移最大，由桩顶自上而下水平位移逐渐减小，由于泥面（深度为 0m）以上的自由段较长，到达泥面时水平位移已经很小，嵌岩段的水平位移量较小，说明嵌岩桩的嵌固作用明显。考虑钢护筒后，能有效地约束泥面以上桩身的水平位移。

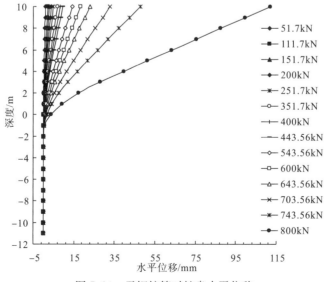

图 7.14　无钢护筒时桩身水平位移

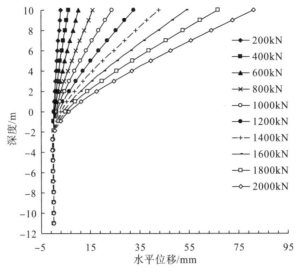

图 7.15　有钢护筒时桩身水平位移

3. 桩身的应力

　　桩身的应力与施加于桩顶上的水平荷载的大小、桩身材料强度、桩周岩(土)体对桩的抗力等因素有关。图 7.16 和图 7.17 分别给出了 600kN 水平荷载下有、无钢护筒嵌岩桩桩身的应力等值线云图；图 7.18 给出了钢护筒的应力等值线云图，图中应力以拉为正。可以看出，考虑钢护筒后嵌岩桩混凝土桩身最大拉应力减小，并且拉应力区域明显减少。值得注意的是，最大拉应力在此级荷载下均超过混凝土的抗拉强度 2.01MPa，当水平荷载继续增大到 800kN 时，钢护筒嵌岩桩桩身混凝土最大拉应力为 2.012MPa，相比 600kN 时仅仅增大了 0.01MPa，此时桩顶的水平位移为 16.181mm，而无钢护筒嵌岩桩桩身最大拉应力已达 2.172MPa，相比 600kN 时增大了 0.153MPa，此时桩顶的水平位

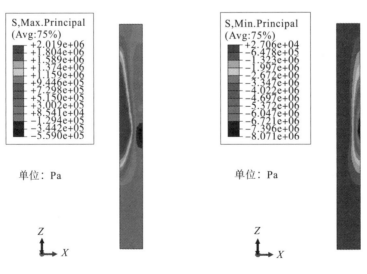

(a)桩身大主应力等值线云图　　　　　　　　(b) 桩身小主应力等值线云图

图 7.16　无钢护筒时嵌岩桩桩身应力等值线云图

移已达 111.9mm，可见钢护筒在较大水平荷载下能很好地改善混凝土的受力情况，提高嵌岩桩的水平承载力。钢护筒嵌岩桩混凝土桩身压应力大幅减小，相比无钢护筒时减小约 40%。由图 7.18 可以看出，钢护筒承担了较大的拉应力和压应力，较好地发挥了钢护筒的作用。因此，考虑钢护筒后嵌岩桩混凝土桩身应力情况得到改善，承载了部分嵌岩桩的水平承载力。

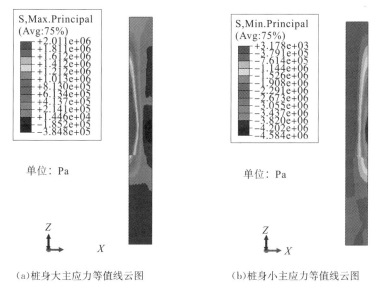

（a）桩身大主应力等值线云图　　　　（b）桩身小主应力等值线云图

图 7.17　有钢护筒时嵌岩桩桩身应力等值线云图

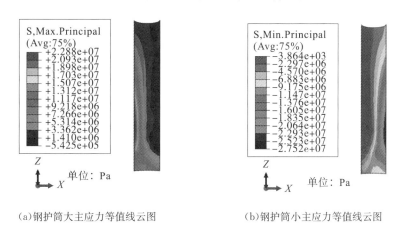

（a）钢护筒大主应力等值线云图　　　　（b）钢护筒小主应力等值线云图

图 7.18　钢护筒应力等值线云图

4. 桩身弯矩

水平荷载作用下嵌岩桩受力主要以承受弯矩为主，图 7.19 和图 7.20 分别给出了无钢护筒和有钢护筒时各级荷载下嵌岩桩弯矩随嵌岩深度的分布图。桩身弯矩随水平荷载的增大而增大，各级水平荷载下嵌岩桩桩身的弯矩均随嵌岩深度的增大而减小，嵌岩深度达 6m 后桩身弯矩基本保持不变，最大弯矩均出现在泥面处。考虑钢护筒后，钢护筒段的弯矩增大，桩身弯矩在钢护筒下端出现突变，钢护筒对嵌岩深度 6m 以下桩身的弯矩影响不大。

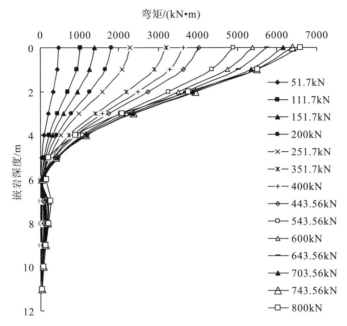

图 7.19   无钢护筒时嵌岩桩弯矩图

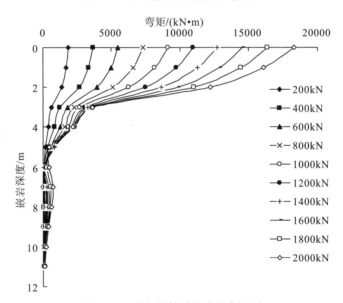

图 7.20   有钢护筒时嵌岩桩弯矩图

7.2.5   桩基水平承载影响因素分析

1. 嵌岩深度的影响

为了研究钢护筒嵌岩桩嵌岩深度对水平承载力的影响，分别取嵌岩深度为 3D、4D、5D、6D、7D 的情况进行数值计算，计算中分 20 级施加水平荷载，每级 100kN，其他计算参数相同。计算结果表明，钢护筒嵌岩桩嵌岩深度对嵌岩桩水平承载力的影响不大，

表7.5 给出了不同嵌岩深度下桩顶的水平位移。可以看出，随嵌岩深度的增大，桩顶的水平位移减小，但是减小的幅值较小，嵌岩深度从 3D 增加到 7D，桩顶水平位移仅减小了 0.564mm。因此，钢护筒嵌岩桩存在临界嵌岩深度，超过该临界嵌岩桩深度后，仅靠增大嵌岩深度对提高桩基的水平承载力无明显贡献。

表 7.5　2000kN 下不同嵌岩深度下桩顶的水平位移

嵌岩深度	3D	4D	5D	6D	7D
桩顶水平位移/mm	81.634	81.23	81.138	81.089	81.088

2. 嵌岩桩桩径的影响

为了研究钢护筒嵌岩桩桩径对水平承载力的影响，分别取嵌岩桩桩径为 1800mm、2000mm、2200mm、2400mm、2600mm 的情况进行数值计算，计算中分 20 级施加水平荷载，每级 100kN，其他计算参数相同。当嵌岩桩桩径为 1800mm 时，水平荷载加载到 2000kN 时对应的桩顶水平位移已达 1674mm，为了方便一律取水平荷载为 1800kN 时的情况进行比较。图 7.21 至图 7.23 分别给出了不同桩径下的桩顶荷载－位移曲线、桩身的弯矩和桩身的水平位移曲线。可以看出，嵌岩桩桩径对水平承载力的影响较大，随桩径的增大，嵌岩桩的水平承载力增大。表 7-6 给出了 1800kN 水平荷载下不同桩径时桩顶的水平位移值。桩身弯矩基本上随桩径的增大而增大，桩身的水平位移随桩径的增大而减小，可见桩径对钢护筒嵌岩桩水平承载力影响较大，在实际设计中要综合考虑成本和承载要求确定合理的桩径。

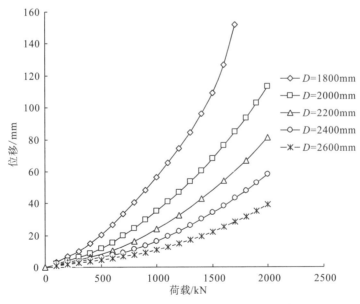

图 7.21　不同桩径下的桩顶荷载－位移曲线

表 7.6　1800kN 下不同桩径时桩顶的水平位移

桩径/mm	1800	2000	2200	2400	2600
桩顶水平位移/mm	205.2	93.349	67.043	47.772	31.721

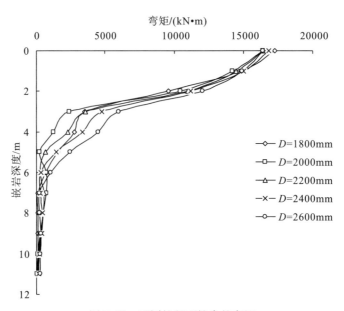

图 7.22　不同桩径下桩身的弯矩

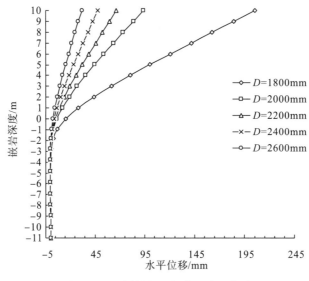

图 7.23　不同桩径下桩身的水平位移

3. 钢护筒嵌岩深度的影响

为了研究钢护筒嵌岩深度对水平承载力的影响，分别取钢护筒嵌岩深度为 2.75m、5.5m、8.25m 的情况进行数值计算，计算中在桩顶分 20 级施加水平荷载，每级 100kN，其他计算参数相同。图 7.24 至图 7.26 分别给出了不同钢护筒嵌岩深度下的桩顶荷载-位移曲线、2000kN 水平荷载下桩身的弯矩和桩身的水平位移曲线。可以看出，桩顶水平位移随钢护筒嵌岩深度的增大而减小，钢护筒嵌岩深度从 2.75m 增大到 5.5m，桩顶水平位移减小了约 30%，说明钢护筒嵌岩深度增大 2.75m 有效地提高了桩基的水平承载力，而从 5.5m 增大到 8.25m，桩顶水平位移仅减小了 2%（表 7.7），可见继续增大钢护筒嵌岩深度对提高桩基承载力的作用已不明显；桩身的弯矩和桩身的水平位移均随钢护筒嵌岩深度的增大而增大，但是增大的幅值在减小。所以在实际施工过程中，要从经济效益和桩基最佳受力两个方面综合考虑，确定合理的钢护筒嵌岩深度，钢护筒嵌岩深度的增大既增加了施工难度，又增大了投资成本，而且对承载力的提高在超过某一临界嵌岩深度后已无明显作用。

表 7.7　2000kN 下不同钢护筒嵌岩深度下桩顶的水平位移

钢护筒嵌岩深度/m	2.75	5.5	8.25
桩顶水平位移/mm	81.138	57.404	56.164

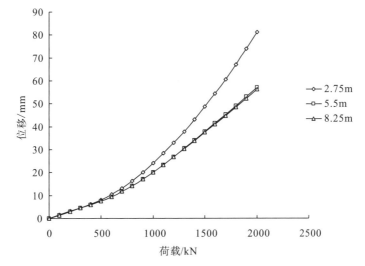

图 7.24　不同钢护筒嵌岩深度下的桩顶荷载－位移曲线

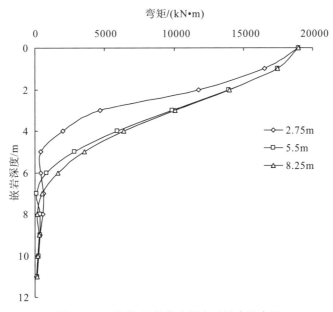

图 7.25　不同钢护筒嵌岩深度下桩身的弯矩

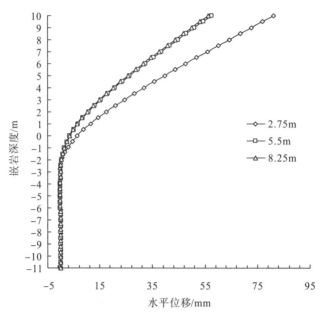

图 7.26　不同钢护筒嵌岩深度下桩身的水平位移

7.3　斜坡施工对桩基承载性状的影响

内河库区码头后方陆域陡峭且地形条件复杂，码头的建设面临水位差大、高填方回填岸坡的施工特点，施工期的桩基不仅承受上部结构传来的施工荷载，还要承受岸坡回填施工对桩基造成的影响。施工期桩基的影响因素主要包括岸坡回填与码头桩施工的顺序及岸坡回填的型式变化（如回填厚度、坡度、回填材料等选取的不同）。为了考察以上因素对桩基承载力的影响，本节结合工程进行斜坡施工对桩基承载性状的有限元数值模拟，在单桩受力特性分析的基础上，讨论码头结构的受力特性，提出最有利的施工顺序。

7.3.1　模型的建立

建立标准模型分析岸坡回填部分，因施工方式不同，分为一次性回填和多层回填、分层压实的回填方式进行对比，选择更利于桩基受力的施工方式。此外，在讨论回填岸坡型式变化时，还将考虑两种施工顺序，即工况一（先建桩后回填岸坡的施工顺序）和工况二（先回填岸坡后建桩的施工顺序）对单桩承载力的影响，本小节将建立 4 个计算模型，并采用单因素变化对比分析桩基变形规律。

模型中，回填岸坡中的桩采用圆形钢筋混凝土桩为算例进行计算，混凝土桩直径为 2m，桩长 22m，嵌岩深度为 8m；模型建模分析域水平宽 77m，高 46m，岸坡回填区高差为 36m，回填坡度为 30°。模型边界两侧受水平向约束，底部受水平以及竖直方向的约束。桩–土界面及岩–土界面设置单元界面进行模拟，模型单元采用 15 节点单元，平面应变模型。为保证计算结果的精准性，对桩身及桩与土、岩的界面处适当加密网格划分。一次性回填岸坡模型的节点数为 9277 个，共划分为 1012 个单元；分层回填岸坡模型的节点数为 7661 个，共划分为 830 个单元。图 7.27 至图 7.29 所示为有限元计算模型及网格划分模型。

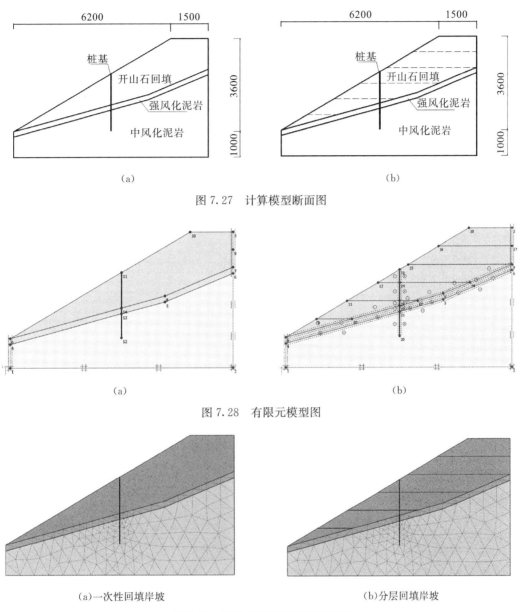

图 7.27　计算模型断面图

图 7.28　有限元模型图

（a）一次性回填岸坡　　　　　　　　　（b）分层回填岸坡

图 7.29　有限元模型网格划分结果

7.3.2　模型参数选取

以内河大水位差框架码头为研究背景，地质资料以《重庆港主城港区果园作业区二期扩建工程地质勘查报告》为依据，土体的物理力学参数依据国家相关规范来拟定。模型地基由中风化泥岩和强风化泥岩组成，岸坡回填材料选用开山石回填，这 3 种土体材料均采用莫尔－库仑弹塑性模型进行模拟，不同材料之间设置界面，并按照 Plaxis 软件建议选取界面折减系数 $R_{inter} = 0.8$，岸坡开山石回填部分分 6 个施工步进行分层回填，层与层间不设界面。各土体计算参数见表 7.8。

表 7.8　回填岸坡各土层参数表

岩土类型	重力密度 $\gamma /$ (kN/m)	弹性模量 $E /$ MPa	泊松比 ν	黏聚力 c /kPa	内摩擦角 $\varphi /(°)$
强风化泥岩	24	100	0.28	500	35
中风化泥岩	25	500	0.30	1000	37
开山石(回填)	19	25	0.30	0	35

桩体采用线弹性模型，弹性模量 $E = 30\text{GPa}$，泊松比 $\nu = 0.167$，重力密度 $\gamma = 24\text{kN/m}^3$，桩-土界面折减系数 $R_{inter} = 0.8$。平面应变中对桩的模拟是用板单元来实现的，因此需对桩的弹性模量进行等效处理，在输入桩的参数时将桩等效为板桩，板桩弹性模量的换算公式如下：

$$E = \frac{E_P d + E_S(u - d)}{u} \tag{7.26}$$

其中，P 表示桩；S 表示土；u 表示相邻桩的中心距；d 表示桩的直径。

此时板桩的抗弯刚度计算公式如下：

$$EA = E \times \left(\frac{\pi d^2}{4}\right) \tag{7.27}$$

$$EI = E \times \left(\frac{\pi d^4}{64}\right) \tag{7.28}$$

在计算时还需要输入板单元重力密度 w 的取值，在 Plaxis 中板单元重力密度 w 的取值有以下两种情况：当不涉及开挖时，板的重力密度 w 的输入值＝(桩实际重力密度－对应处土的重力密度)×板厚；当涉及开挖时，板的重力密度 w 的输入值＝(桩实际重力密度－对应处土的重力密度/2)×板厚，最后得出桩的参数，见表 7.9。

表 7.9　桩属性表

材料名称	重力密度 $\gamma /$(kN/m)	$EA/$ (kN/m)	$EI/$ (kN·m²/m)	$w/$(kN/m)	泊松比 ν	直径 d
桩	24	2.36×10^7	5.91×10^6	8	0.167	2

7.3.3　岸坡回填方式对桩基承载性状的影响的结果分析

本节讨论一次性回填岸坡与分层回填岸坡对桩基承载性状的影响，并将有限元模型中桩基的位移变化及弯矩和轴力导出，对比分析桩基变形。图 7.30 至图 7.33 所示为桩基在两种施工工况下发生的总位移和弯矩图。

由图可以看出，工况一下一次性回填岸坡时，桩基的最大位移为 55.59mm，最大弯矩为 2678kN·m，分层回填岸坡时，桩基的最大位移为 51.03mm，最大弯矩为 2422kN·m，即一次性回填岸坡的施工方式不利于桩基承载，桩基产生的位移和弯矩较大，应在施工中尽量采用分层回填，逐层压实的施工方式，保证回填土有良好的压实性和稳定性，减小对桩基的影响。

工况二下一次性回填岸坡和分层回填岸坡情况下桩基的最大位移仅有 5mm，桩基最大弯矩分别为 19.56kN·m 和 16kN·m，此种施工顺序对桩基的影响较小，这是由于回填岸坡后假设岸坡土已完全沉降变形再筑桩，此时桩受到岸坡变形的影响较小，发生的位移主要由自身沉降引起，故变形和弯矩都较小。

两种施工顺序对比，工况一下桩基上端位移远远大于底端位移，这是由于回填岸坡的变形对桩产生较大影响，使得桩基产生较大水平位移，该桩起到了良好的抗滑桩的作用，有利于岸坡的稳定。工况二情况下桩基位移变形和弯矩较小，也是由于假设岸坡回填已完全沉降充分，故可认为对桩影响较小。

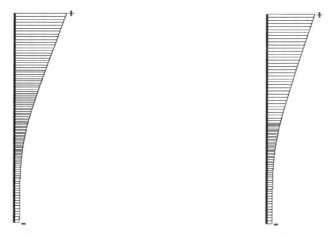

总位移[u]（放大 100 倍）　　　　　　　　总位移[u]（放大 100 倍）

最大值=0.05559m（单元 1 在节点 8844）　　最大值=0.05103m（单元 1 在节点 6736）

（a）一次性回填岸坡　　　　　　　　　（b）分层回填岸坡

图 7.30　桩基总位移（工况一）

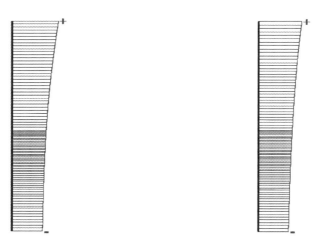

总位移[u]（放大 10.0×10^3 倍）　　　　总位移[u]（放大 10.0×10^3 倍）

最大值=0.4988×10^{-3}m（单元 1 在节点 6736）　最大值=0.4663×10^{-3}m（单元 1 在节点 6098）

（a）一次性回填岸坡　　　　　　　　　（b）分层回填岸坡

图 7.31　桩基总位移（工况二）

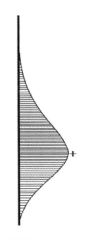

弯矩 M(放大 $2.00×10^{-3}$倍)

最大值＝2678kN・m(单元 17 在节点 4306)

最小值＝$-7.238×10^{-12}$kN・m(单元 25 在节点 2109)

(a)一次性回填岸坡

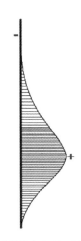

弯矩 M(放大 $2.00×10^{-3}$倍)

最大值＝2422kN・m(单元 14 在节点 3650)

最小值＝-1.922kN・m(单元 2 在节点 6716)

(b)分层回填岸坡

图 7.32　桩基弯矩图(工况一)

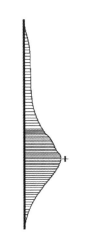

弯矩 M(放大 0.200 倍)

最大值＝19.56kN・m(单元 14 在节点 3649)

最小值＝$-0.08239×10^{-12}$kN・m(单元 1 在节点 6736)

(a) 一次性回填岸坡

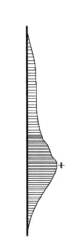

弯矩 M(放大 0.200 倍)

最大值＝16.00kN・m(单元 14 在节点 2315)

最小值＝$-0.1343×10^{-12}$kN・m(单元 1 在节点 6098)

(b)分层回填岸坡

图 7.33　桩基弯矩图(工况二)

　　因此施工中采用分层回填岸坡的施工方式，对逐层回填材料碾压密实，待其达到满足施工要求的固结和变形后再进行下一步回填。这样的回填方式一方面可以使回填材料压实均匀，达到满足要求的压实度；另一方面回填材料被压实密集后会提高整个岸坡的稳定性，从而减少对桩基承载性状的影响。故施工中在回填岸坡时选用分层回填岸坡的方式，以提高回填材料的压实度，降低回填材料的滑坡变形，从而提高桩基承载性状。

7.3.4　影响因素分析

下面分析岸坡型式(如改变岸坡回填厚度、岸坡回填坡度)及桩基嵌岩深度对桩基变形的影响，考察因素的计算工况见表 7.10。

表 7.10　影响因素参数表

影响因素	参数取值				
回填厚度/m	4	8	<u>12</u>	16	20
岸坡坡度/(°)	20	25	<u>30</u>	35	40
桩基嵌岩深度/m	5	6	7	8	9

备注：标有下画线数字为基本模型参数。

1.　回填厚度影响

模型中回填岸坡的坡度为 30°，岸坡回填总高差为 36m，回填开山石的重力密度为 19kN/m³，桩径为 2.0m，嵌岩深度为 8m，该组模型的材料参数与标准模型材料参数一致，有限元计算结果见表 7.11。桩基最大位移随岸坡回填厚度的变化越势如图 7.34 所示。

表 7.11　不同回填厚度下桩位移及弯矩表

回填厚度/m	工况一		工况二	
	桩基最大位移/mm	桩基最大弯矩/(kN·m)	桩基最大位移/mm	桩基最大弯矩/(kN·m)
4	7.043	522	0.221	10.84
8	29.712	1896	0.396	10.37
12	51.001	2422	0.466	10.53
16	94.121	3108	0.575	16.00
20	117.922	4154	0.623	22.84

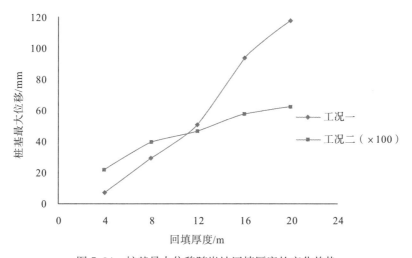

图 7.34　桩基最大位移随岸坡回填厚度的变化趋势

从表7.11和图7.34可以看出，两种施工顺序下，随着岸坡回填厚度的增大，桩基发生的最大位移及最大弯矩明显变大，即岸坡回填厚度的增大明显引起桩基位移及内力的变化，这是由于岸坡回填开山石较多时，回填材料由于自重及固结沉降而产生滑移使得桩基产生较大内力，从而产生较大位移和弯矩。

从工况一位移图可以看出，随着回填厚度的增大，桩基位移的增大速率在变大，这是由于回填厚度过大时，岸坡土已经发生塑性变形，岸坡稳定性差，桩基承受的力变大，因此产生的变形也会迅速增大。与模型桩基计算规律相似，工况一中的位移和弯矩远远大于工况二，这是由于建桩后，逐层回填的岸坡土产生的沉降变形等作用力会传递给桩，此时的桩基承担了抗滑桩的作用，因而产生较大内力引起变形和位移。而工况二假设回填部分已沉降固结完全再建桩，因此产生的位移和弯矩较小。通过以上模型可认为，工况二下回填厚度的增大对桩基不利，但影响较小。下面将着重分析工况一（先桩后岸坡）下桩的变形规律。

2. 岸坡回填坡度影响

模型中岸坡回填厚度为12m，回填开山石重力密度为19kN/m³，岸坡回填总高差为36m，桩径为2.0m，嵌岩深度为8m，该组模型的材料参数与标准模型材料参数一致，边坡位移云图与桩基内力变化结构见表7.12。

表7.12 不同岸坡回填坡度下桩的位移及弯矩表

回填坡度/(°)	工况一			工况二		
	桩基最大位移/mm	桩基最大弯矩/(kN·m)	边坡安全系数	桩基最大位移/mm	桩基最大弯矩/(kN·m)	边坡安全系数
20	37.190	1826	1.829	0.363	4.14	1.820
25	43.851	2126	1.426	0.397	6.47	1.410
30	51.001	2422	1.140	0.466	10.53	1.137
35	57.462	2895	1.120	0.536	23.87	1.100
40	61.433	3260	1.100	0.570	33.48	1.050

从桩基受力变形上分析：图7.35表明，两种工况下，随着岸坡回填角度的增大，桩基产生的最大位移及弯矩明显变大，但当岸坡坡度大于30°后，桩基位移斜率逐渐变小，位移增大速度变慢。

工况一中桩基产生的位移及弯矩要明显大于先岸坡后桩的施工顺序。根据施工工艺上的特点，工况二认为岸坡的各种变形已经基本完全发生，不会再对桩基产生较大外力作用。从边坡稳定性来分析，随着岸坡坡度的增大，边坡滑动区逐渐增大，但都发生在桩基以下位置，说明桩起到了较好的抗滑作用。从图7.37可以看出，岸坡安全系数随着坡度的增大逐渐变小，在边坡坡度由20°逐渐增大到30°的过程中，边坡安全性迅速降低，但在岸坡坡度逐渐增大到40°的过程中，安全系数减小缓慢，这是由于滑动面与结构面几乎重合，此时边坡会沿着结构面发生破坏，因此安全性变化不大，这也是当边坡增大到一定程度后，桩基的位移和内应力增大缓慢的原因。

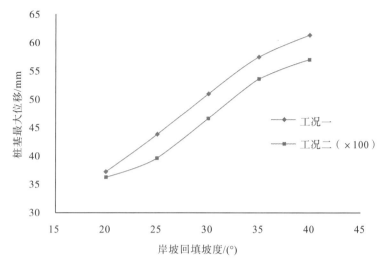

图 7.35　不同岸坡回填坡度下桩基的位移曲线

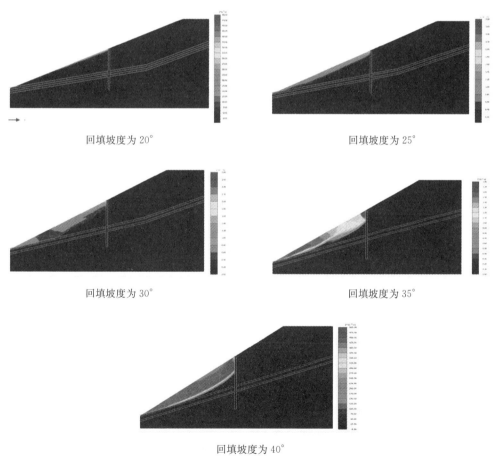

图 7.36　不同回填坡度下岸坡的增量位移云图

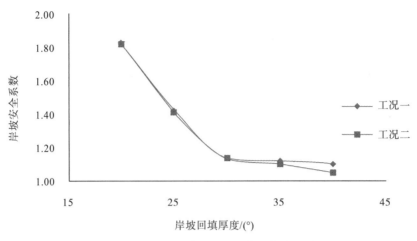

图 7.37　岸坡回填坡度与安全系数关系图

3. 桩基嵌岩深度影响

内河框架高桩码头多以嵌岩桩为主,根据桩基规范可知,在一定范围内增大桩基嵌岩深度有利于桩基承载力的提高。该模型桩径为 2.0m,讨论嵌岩深度在 5.0~9.0m 范围内变化时,桩基承载力及岸坡稳定性的变化规律。模型材料参数与标准模型一致,岸坡回填厚度为 12m,回填坡度为 30°,岸坡回填总高差为 36m,采用重力密度为 19kN/m³ 的开山石回填,有限元计算结果见表 7.13。

表 7.13　不同嵌岩深度下有限元计算结果表

嵌岩深度/m	工况一			工况二		
	桩基最大位移/mm	桩基最大弯矩/(kN·m)	边坡安全系数	桩基最大位移/mm	桩基最大弯矩/(kN·m)	边坡安全系数
5.0	53.300	2466	1.114	0.478	24.08	1.111
6.0	52.085	2439	1.125	0.471	16.61	1.123
7.0	51.460	2429	1.136	0.467	12.44	1.132
8.0	51.001	2422	1.140	0.466	10.53	1.137
9.0	50.900	2418	1.141	0.466	9.92	1.140

从表 7.13 可以看出,当桩的嵌岩深度从 5.0m 增大到 9.0m 时,桩基位移逐渐变小,工况一中桩基位移从 53.300mm 减小到 50.900mm,岸坡的稳定性也从 1.11 提高到 1.14;工况二中桩基位移变化很小,基本认为影响可以忽略,从总体上看,适当增大嵌岩深度有利于桩基的稳定。桩基位移变化趋势和岸坡安全系数的变化如图 7.38 和图 7.39 所示。

从图 7.38 和图 7.39 的变化趋势来看,在嵌岩深度为 5~7m 的范围内,桩基位移及岸坡安全系数变化相对较明显,当嵌岩深度逐渐增至 9m 时,桩基的位移和内应力变化速率降低,说明此时已达到桩基适宜的嵌岩深度值,小于此嵌岩深度时,桩基易发生位移和变形,再继续增大嵌岩深度对桩基承载性状提高不明显,而且还会加大施工难度,增加施工成本。

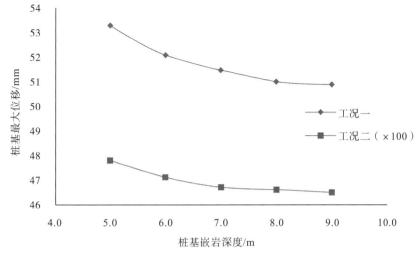

图 7.38　桩基位移随嵌岩深度的变化趋势

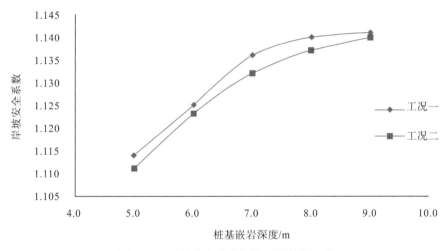

图 7.39　岸坡安全系数与嵌岩深度的关系

　　从施工顺序的不同看，工况一中桩基产生的位移及弯矩要明显大于工况二。根据施工工艺上的特点分析，后施工桩的施工顺序下认为岸坡的各种变形已经基本完全发生，不会再对桩基产生较大外力作用。但两种施工顺序下，桩基的位移和内应力变化趋势是一致的，由此可见，在一定范围内，适当增大桩基嵌岩深度有利于提高桩基承载性状及岸坡稳定性。

7.3.5　单因素敏感性分析

　　施工中，为了最大限度地降低施工过程对桩基承载力的影响，必须分析确定对桩基承载力影响最大的因素，本节主要从桩基发生的最大位移及弯矩来判断桩基的初始承载性状。桩基的单因素敏感性分析，主要是讨论桩基在外界单一因素的变化下，桩基承载性状的变化规律。方法是，改变某一影响因素在基准值附近变化，其他因素取值不变，考察桩基位移及内应力在不同因素取值下的变化规律。还可通过强度折减法得出岸坡在不同取值时的安全系数，考虑岸坡安全系数随该因素的变化而产生的变化规律。同样，按此类方法可以推算出其他影响因素的变化对岸坡安全系数的影响。为得到较好地分析规律，单因素法需要的计算模型往往较多，但是该分析法方法简单，易于掌握，在边坡的稳定性分析中得到广泛应用。

若桩基的承载力特性 F_S 为影响因素 X_i 的函数，则有

$$F_S = f(x_1, x_2, x_3, x_4, x_5)$$

令 $m = \left| \dfrac{\Delta F_S}{F_S} \right|, M = \left| \dfrac{\Delta X_i}{X_i} \right|$

则影响因素 i 的敏感度 S_i 可表示为

$$S_i = \frac{m}{M} \tag{7.29}$$

式中，m 为桩基最大位移 F_S 的相对变化率；M 为影响因素 i 的相对变化率；敏感度 S_i 越大，说明该因素的影响越大。

1. 回填厚度的敏感性分析

从上小节模型计算结果可知，不同的岸坡回填厚度下，桩基位移及弯矩值变化趋势一致，即随着岸坡回填厚度的增大，桩基的位移逐渐增大，但是从定量的角度分析回填厚度对桩基位移影响的敏感性，需对不同回填厚度下桩基位移进行敏感性分析。表 7.14 主要从桩基位移方面进行敏感性分析，计算工况一（先桩后岸坡）和工况二（先岸坡后桩）下回填厚度的敏感性。

表 7.14 桩基最大位移表

工况	回填厚度/m				
	4	8	12	16	20
工况一/mm	7.043	29.712	51.001	94.121	117.922
工况二/mm	0.221	0.316	0.416	0.545	0.623

从表 7.14 可以看出，当岸坡回填厚度在 4～20m 范围内变化时，先桩后岸坡施工顺序下桩基最大位移从 7.043mm 增大到 117.922mm，此时桩基发生的平均位移为 59.960mm，变化量的平均值为 27.720，平均单位的位移变化量为 6.930。同理，先岸坡后桩的施工顺序下，敏感性分析见表 7.15。

表 7.15 回填厚度的敏感度计算表

工况	平均最大位移/mm	最大位移变化量/mm	平均回填厚度/m	回填厚度变化量/m	敏感度
工况一	59.96	27.72	12	4	1.387
工况二	0.424	0.101	12	4	0.711

2. 岸坡回填坡度对桩基影响的敏感性分析

从表 7.16 可以看出，当岸坡回填坡度在 20°～40°范围内变化时，先桩后岸坡施工顺序下桩基最大位移从 37.190mm 增大到 61.433 mm，此时桩基发生的平均位移为

50.187mm，变化量的平均值为 6.061，平均单位的位移变化量为 1.515。同理，先岸坡后桩的施工顺序下，敏感性分析见表 7.17。

表 7.16　桩基最大位移表

工况	回填坡度/(°)				
	20	25	30	35	40
工况一/mm	37.190	43.851	51.001	57.462	61.433
工况二/mm	0.363	0.397	0.466	0.536	0.570

表 7.17　回填坡度的敏感度计算表

工况	平均最大位移/mm	最大位移变化量/mm	平均回填坡度/m	回填坡度变化量/m	敏感度
工况一	50.187	6.061	30	5	0.725
工况二	0.466	0.052	30	5	0.666

3. 桩基嵌岩深度对桩基承载力的敏感性分析

从表 7.18 可以看出，当桩基嵌岩深度在 5.0～9.0m 范围内变化时，先桩后岸坡施工顺序下桩基最大位移从 53.300mm 减小到 50.900mm，此时桩基发生的平均位移为 51.749mm，变化量的平均值为 -0.600，平均单位的位移变化量为 -0.150。同理，先岸坡后桩的施工顺序下，敏感性分析见表 7.19。

表 7.18　桩基最大位移表

工况	嵌岩深度/m				
	5	6	7	8	9
工况一/mm	53.300	52.085	51.460	51.001	50.900
工况二/mm	0.478	0.471	0.467	0.466	0.466

表 7.19　嵌岩深度的敏感度计算表

工况	平均最大位移/mm	最大位移变化量/mm	平均嵌岩深度/m	嵌岩深度变化量/m	敏感度
工况一	51.749	0.600	7.0	1.0	0.081
工况二	0.470	0.003	7.0	1.0	0.045

按 7.3.5 节计算公式得出各影响因素的变化对桩基承载力的敏感性值，在以上 3 个考察因素中，采用先桩后岸坡的施工顺序，回填厚度对桩基承载力的影响最明显，敏感度 S_i 为 1.387，回填坡度对桩基承载力影响也较为明显，敏感度 S_i 分别为 0.725 和 0.634，嵌岩桩基的嵌岩深度对于桩基的影响最小，敏感度 S_i 仅为 0.081。各考察因素对桩基承载力的敏感度，见表 7.20。

表 7.20　敏感度计算表（工况一）

表 7.20　敏感度计算表（工况一）

考察因素	$\left\|\dfrac{\Delta F_S}{F_S}\right\|$ /%	$\left\|\dfrac{\Delta X_i}{X_i}\right\|$ /%	敏感度 S_i
回填厚度	46.20	33.30	1.387
回填坡度	12.10	16.70	0.725
桩基嵌岩深度	1.20	14.30	0.081

　　表 7.20 说明，在先施工桩后回填岸坡的施工顺序下，各考察因素对桩基承载性的影响顺序依次为回填厚度＞回填坡度＞桩基嵌岩深度，即施工中，应尽量减少对桩基的高厚度回填，避免在施工期降低桩基的承载性能。对于高差较大的岸坡回填处理时，尽量降低回填厚度，可适当从回填坡度及嵌岩深度方面选择最优方案，避免桩基在施工期产生内应力及位移，影响码头桩基的承载力。

　　施工顺序不同，即使同种外界条件下，桩基的位移和内应力也不同，从上几节得出，两种施工顺序下桩基内应力和位移值相差很大，工况二的桩基内应力远远小于工况一，且在该施工顺序下，各影响因素对桩基承载力的影响也相对较小。按照 7.3.5 节中敏感度的计算公式，在此总结出该施工顺序下各考察因素的敏感度，见表 7.21。

表 7.21　敏感度计算表（工况二）

考察因素	$\left\|\dfrac{\Delta F_S}{F_S}\right\|$ /%	$\left\|\dfrac{\Delta X_i}{X_i}\right\|$ /%	敏感度 S_i
回填厚度	23.70	33.30	0.711
回填坡度	11.10	16.70	0.666
桩基嵌岩深度	0.6	14.30	0.045

　　从表 7.21 可以看出，采用先岸坡后桩的施工顺序，回填材料回填厚度对桩基承载力的影响最明显，敏感度 S_i 为 0.711，其余考察因素对桩基承载性状的影响相差不大，特别是桩基的嵌岩深度，在施工期对桩基承载性影响基本可以忽略。

7.4　框架码头钢护筒嵌岩桩基础承载性状数值模拟

　　基于钢护筒嵌岩桩基础的模拟方法，利用大型有限元软件 Ansys 建立重庆港果园二期扩建工程排架模型，并对其进行数值模拟，以研究荷载作用下框架码头钢护筒嵌岩群桩的承载性状，排架模型选取中间排架。

7.4.1　建立框架码头钢护筒嵌岩桩基础模型

　　在本模型中，定义模型 X 轴正向为指向河侧方向，竖直向上方向为 Y 轴正向，沿河流方向向下为 Z 轴正向（码头纵向方向上）。

　　模型按空间三维问题进行考虑，模型尺寸根据实际工程尺寸建模。地基岩体尺寸根据实际工程经验确定，保证桩侧厚度大于 $6D$，桩底厚度大于 $4D$。下将桩两侧岩体均取为 $7D$，即岩体在 Z 向上的尺寸为 28m，并在前排桩底留有 16m 的岩体厚度。对于岩体，在计算中采用 D-P 弹塑性模型，混凝土构件采用线弹性模型，钢护筒选取双线性随动强化模型，不考虑温度影响。

　　桩、岩体、钢护筒、钢靠船构件等均采用 3D 实体单元建模，均采用 8 节点的 Solid 45 实体单元进行模拟。上部结构选取可以用户自定义截面的 3D 线性有限应变梁单元（Beam 189）来模拟，该单元通过自定义梁截面和实常数输入功能可以准确便捷地实现各构件的几何特性。钢横撑、钢前撑构件采用 Shell 63 来模拟，该单元为弹性壳单元，共 4 个节点，每个节点有 6 个自由度（平动自由度 U_X、U_Y、U_Z 和转动自由度 R_{otX}、R_{otY}、R_{otZ}），且具有弹性、大变形或大挠度、应力刚化、单元生死等特性。

　　选取参数见表 7.22。

表 7.22　材料参数

类别	弹性模量 E/MPa	泊松比 ν	密度 ρ/(kg/m)	黏聚力 c/kPa	内摩擦角 φ/(°)
Q235 钢	2.06×10^5	0.30	7850	—	—
C30 混凝土	3.0×10^4	0.167	2500	—	—
中风化泥岩	5.0×10^3	0.34	2400	2500	35

　　桩体及钢护筒均用六面体网格划分；地基岩体优先采用六面体单元进行划分，在不能保证全部岩体单元为六面体网格时，采用四面体单元进行网格划分。钢护筒－桩－岩体等在网格划分时保证节点对齐，以便实现钢护筒－桩－岩体的联合受力和变形协调。

　　模型中对地基岩体、钢护筒、钢靠船构件和混凝土桩身选取实体单元，上部结构选取梁单元，钢横撑、钢前撑构件采用壳单元。建好的有限元模型如图 7.40 所示；排架构件编号如图 7.41 所示。

　　地基底部约束 X、Y、Z 3 个方向上的位移，在 XY 对称面上施加对称边界条件，地基侧面约束 X 方向上的位移。

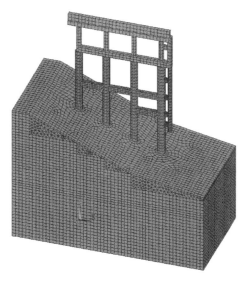

图 7.40　钢护筒排架模型

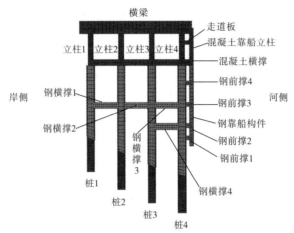

图 7.41 排架构件编号

码头结构在正常运营过程中处于弹性工作状态，运营过程中最主要的水平力来自船舶靠岸过程中的撞击力，因此这里中主要考虑两种荷载的共同作用：①结构自重；②船舶水平撞击力，$F=500$kN。对于撞击力，主要根据以下依据确定：①《港口工程技术规范》第四篇第二册第十四条中规定，当撞击力和系缆力作用在上部结构为整体连续的码头上时，其水平横向分力的 50% 直接由受力排架承受；②相关文献表明，船舶在正常靠岸过程中的撞击力为 1030kN，因此选取船舶水平撞击力为 500kN。由以往的研究发现，当船舶撞击在最高水位时，结构会出现最不利状态，因此模型船舶荷载便施加在最高层水位撞击位置；结构自重以 9.8m/s² 的重力加速度在软件中自动施加。

7.4.2 数值模拟结果分析

图 7.42 所示为整体结构水平位移。可以看出，水平位移从结构底部沿着结构高度往上逐渐增大，结构的水平位移特点呈"水平层状"分布，结构的最大水平位移发生在顶横梁处。

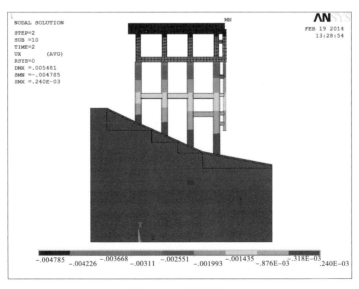

图 7.42 水平位移

架空直立式码头构件繁多，在荷载作用下各构件之间受力相互影响，因此整个码头结构是一个受力复杂的体系。对于此类结构，桩基础是最重要的受力部分，它关系到码头结构的安全，因此以桩体为主要研究对象。为了研究桩体的受力特点，选取桩 1 进行分析，其他桩的受力与其大同小异。

图 7.43 所示为桩 1 的水平位移。可以看出，桩体在水平荷载作用下桩身的最大水平位移发生在桩顶，为 2.63mm。沿着桩顶往下水平位移开始逐渐减小，直至在入岩面附近处为零；进入嵌岩段后，桩体位移又开始反向增大并在桩底位置达到最大。

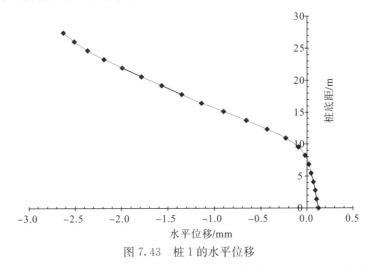

图 7.43　桩 1 的水平位移

图 7.44 所示为桩 1 的剪力。可以看出，剪力曲线在岩面以上的桩体剪力在距桩底 15～20m 的范围内有突变，原因是在此处存在横向构件(钢横撑 1)。桩顶附近的剪力与桩体上半段剪力略有不同，横向构件将桩体剪力分为上、下两个部分，每个部分剪力大小不一。由于地基岩体抗力的作用使得桩体剪力在岩面附近处开始反向，并使整个嵌岩段桩体最终承受反向剪力。

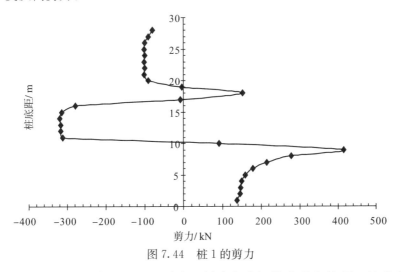

图 7.44　桩 1 的剪力

图 7.45 所示为桩 1 的弯矩。可以看出，最大负弯矩均出现在桩顶，桩身弯矩沿着桩身向下弯矩逐渐增大，并在入岩面附近处达到最大正弯矩。在嵌岩段由于地基岩体抗力

的作用使得弯矩在入岩部分段开始逐渐减小,直至桩端弯矩变为0。还可以看出,在距桩底15~20m的范围内弯矩曲线出现尖角,原因与剪力突变一样,这里不再赘述。

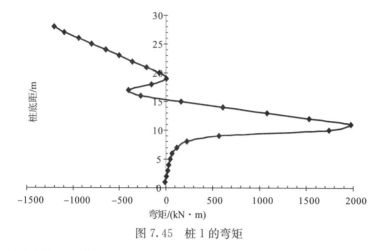

图 7.45　桩 1 的弯矩

图 7.46 所示为桩 1 的轴力。可以看出,桩身轴力沿着桩身长度从桩顶往下逐渐增大,并在入岩面附近处达到最大,然后在嵌岩段开始逐渐减小,这是地基岩体对桩体提供侧摩阻力所致。

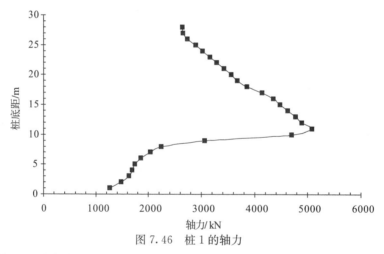

图 7.46　桩 1 的轴力

从计算结果中搜索各桩基的最大力学响应值,并将结果汇总于表7.23。

表 7.23　各构件力学响应数据表

构件名称	计算项目	结果	构件名称	计算项目	结果
桩 4	最大弯矩/(kN·m)	758.75	桩 2	最大弯矩/(kN·m)	1160.27
		−589.14			−1662.28
	最大剪力/kN	271.40		最大剪力/kN	299.71
		−124.18			−207.09
	最大轴力/kN	6406.20		最大轴力/kN	5316.65
	最大水平位移/mm	2.60		最大水平位移/mm	2.63

构件名称	计算项目	结果	构件名称	计算项目	结果
桩 3	最大弯矩/(kN·m)	950.50	桩 1	最大弯矩/(kN·m)	1976.62
		−1557.79			−1205.25
	最大剪力/kN	269.82		最大剪力/kN	415.24
		−205.75			−320.07
	最大轴力/kN	5946.26		最大轴力/kN	5078.69
	最大水平位移/mm	2.63		最大水平位移/mm	2.63

从表 7.23 可以看出：

（1）桩 1 轴力最大值为 5078.69kN，桩 2 轴力最大值为 5316.65kN，桩 3 轴力最大值为 5946.26kN，桩 4 轴力最大值为 6406.20kN，即从岸侧往河侧方向，桩体轴力在不断增大，原因是桩体自由段长度在不断增大，加大了桩体自身的重力。从图 7.46 可知，各桩最大轴力位置发生在入岩面附近处。

（2）桩 1 最大正弯矩为 1976.62kN·m，最大正剪力为 415.24kN，与其他桩相比两者均为最大值。查找最大弯矩和最大剪力在桩体上出现的位置发现：桩 1 最大正弯矩出现在入岩面附近处，最大剪力出现在钢横撑以下的桩段处，说明绝大部分的水平荷载最后通过桩 1 传递到地基岩体中。

（3）从各桩的桩顶位移值可以看出，由于桩顶处混凝土横撑的连接作用，各桩顶处的水平位移基本都相同。

7.4.3　框架码头钢护筒嵌岩桩基础承载影响因素分析

钢护筒嵌岩群桩的受力除与荷载、方向和位置有关外，还与结构自身有密切的关系。在本书中局部结构变化主要指不同的桩嵌岩深度，钢护筒嵌岩深度，混凝土强度，有、无钢护筒以及钢护筒厚度等。为了研究局部结构变化对钢护筒嵌岩群桩在正常使用阶段的受力特性影响，本书以重庆港果园二期扩建工程为依托，采用大型非线性有限元软件 Ansys 对其进行受力性状分析，以研究上述因素对钢护筒嵌岩群桩受力性状的影响。

1. 桩嵌岩深度对群桩受力性状的影响

桩基的嵌岩深度会对钢护筒嵌岩群桩的受力性状产生一定的影响。为了研究桩的嵌岩深度对于群桩的受力影响，本书在参考原型结构的基础上，分别建立嵌岩深度为 $4D$、$5D$、$6D$ 的 3 种有限元模型进行研究。

图 7.47 所示为不同桩嵌岩深度下各桩的弯矩图。可以看出，各桩的弯矩均在有横向构件的地方出现尖角。各桩最大负弯矩均出现在桩顶，最大正弯矩均出现在入岩处附近。由于地基岩体抗力的作用使得各桩弯矩在嵌岩段均开始逐渐减小，直至桩端弯矩变为 0。还可以看出，嵌岩段以上桩体的弯矩曲线基本重合，嵌岩段桩体的弯矩值却有所不同，由此可以说明桩的嵌岩深度的改变基本上不影响嵌岩段以上桩体的弯矩，但对嵌岩段桩体的弯矩有影响，具体的规律是随着桩嵌岩深度的增大，嵌岩段桩体弯矩增大。

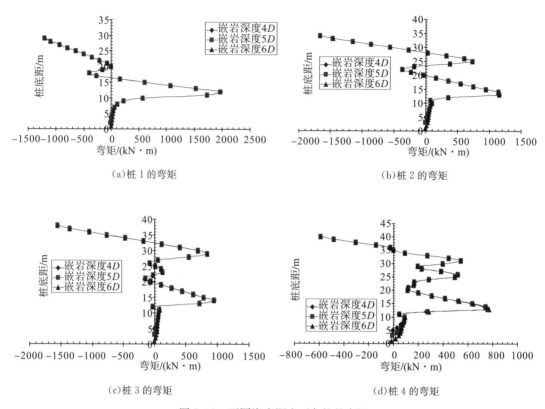

(a)桩1的弯矩　　　　　　　　　　　　　(b)桩2的弯矩

(c)桩3的弯矩　　　　　　　　　　　　　(d)桩4的弯矩

图7.47　不同嵌岩深度下各桩的弯矩

2. 钢护筒设置对群桩受力性状的影响

为了研究钢护筒对钢护筒嵌岩群桩受力性状的影响,在参考原型结构的基础上,分别建立有钢护筒的群桩模型和无钢护筒的群桩模型进行对比研究。经过对有、无钢护筒模型方案的计算,以桩体为重点研究对象,提取各方案的结果。

1)桩的水平位移

图7.48所示为有、无钢护筒时各桩的水平位移图。可以明显地看出,有钢护筒的桩身位移要明显小于无钢护筒的桩身位移,说明钢护筒的存在使得各桩的桩身水平位移有明显的减小,减小幅度可从表7.24看出,最大幅度可达11.14%。

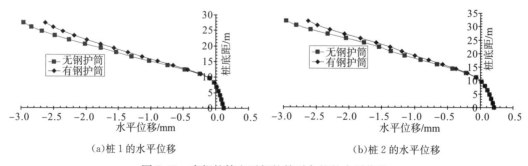

(a)桩1的水平位移　　　　　　　　　　　(b)桩2的水平位移

图7.48　有钢护筒和无钢护筒时各桩的水平位移

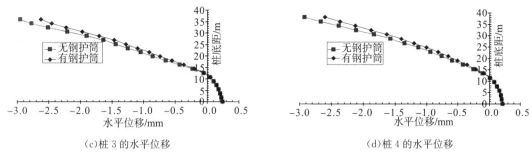

（c）桩 3 的水平位移　　　　　　　　　　　　（d）桩 4 的水平位移

图 7.48　（续）

表 7.24　有钢护筒和无钢护筒时各桩的桩顶水平位移值

项目	桩顶水平位移/mm			
	桩 1	桩 2	桩 3	桩 4
无钢护筒	2.96	2.96	2.96	2.92
有钢护筒	2.63	2.63	2.63	2.60
相差百分比/%	11.14	11.14	11.14	10.95

2）桩体弯矩分析

图 7.49 所示为有、无钢护筒时各桩的弯矩图。可以看出，无钢护筒时各桩嵌岩段以上的桩身弯矩明显小于有钢护筒时各桩的桩身弯矩，而嵌岩段的桩身弯矩基本无变化，由此说明钢护筒的存在基本上只影响岩面以上钢护筒段的桩体弯矩值，使得该段桩体的弯矩有明显的增大。

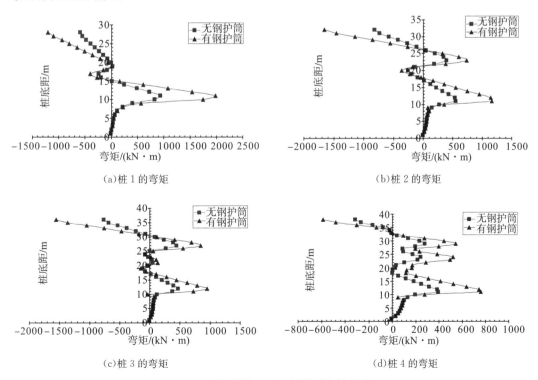

（a）桩 1 的弯矩　　　　　　　　　　　　　　（b）桩 2 的弯矩

（c）桩 3 的弯矩　　　　　　　　　　　　　　（d）桩 4 的弯矩

图 7.49　有钢护筒和无钢护筒时各桩的弯矩

3. 岩体弹性模量变化对钢护筒嵌岩群桩受力性状的影响

钢护筒嵌岩群桩的受力除与荷载大小、方向、位置及结构自身有关外，还与地基岩体有着密切的关系。岩体的参数变化会改变岩体的受力特性，继而影响与其相接触的码头结构，使其打破原有的受力平衡，从而使结构内应力发生重新分配，因此研究岩体参数变化对钢护筒嵌岩群桩受力性状的影响具有非常重要的意义。

为了研究地基岩体不同弹性模量对钢护筒嵌岩群桩受力性状的影响，本书选取的中风化泥岩的弹性模量分别为 $E_1 = 2.0 \times 10^3$ MPa，$E_2 = 5.0 \times 10^3$ MPa，$E_3 = 8.0 \times 10^3$ MPa，3 种方案进行对比分析，以桩体为重点研究对象，提取各方案的结果。

1）桩体水平位移

图 7.50 所示为地基岩体不同弹性模量时桩身的水平位移图。可以看出，各桩的桩身水平位移随着弹性模量的增大呈逐渐减小的趋势，弹性模量为 E_1 的桩身水平位移明显大于弹性模量为 E_2 和 E_3 的桩身水平位移。

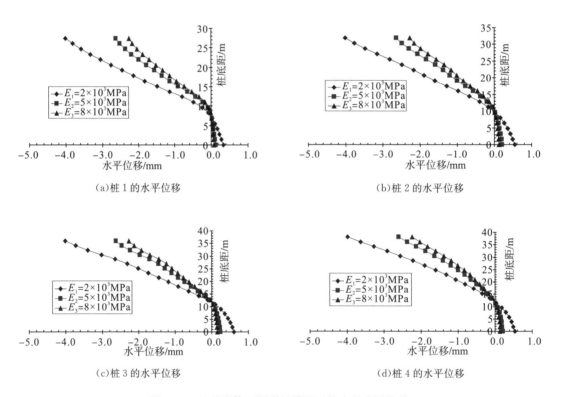

(a)桩 1 的水平位移　　　　　　　　　　(b)桩 2 的水平位移

(c)桩 3 的水平位移　　　　　　　　　　(d)桩 4 的水平位移

图 7.50　地基岩体不同弹性模量时桩身的水平位移

表 7.25 列出了地基岩体不同弹性模量时桩顶的水平位移值。可以看出，当地基岩体弹性模量由 E_1 增大到 E_2 时，各桩桩身的水平位移减小幅度最大可达 34.8%；当地基岩体弹性模量由 E_1 增大到 E_3 时，各桩桩身的水平位移减小幅度为 43.85%。由此可以说明此 3 种弹性模量对桩体的水平位移有较大的影响。

表 7.25　地基岩体不同弹性模量时桩顶的水平位移

弹性模量	桩顶水平位移/mm			
	桩 1	桩 2	桩 3	桩 4
E_1	4.01	4.01	4.01	3.99
E_2	2.63	2.63	2.63	2.60
E_3	2.26	2.27	2.27	2.24

2）桩体弯矩分析

图 7.51 所示为地基岩体不同弹性模量时各桩的弯矩图。可以看出，地基岩体弹性模量的改变对于桩 1 和桩 4 嵌岩段以上桩身有较大的影响，对于桩 2 和桩 3 嵌岩段以上桩身基本没有影响。从各桩嵌岩段弯矩来看，地基岩体弹性模量明显地影响了该段处桩的弯矩值，使得嵌岩段弯矩随着弹性模量的增大而逐渐减小。这是因为地基岩体弹性模量越大，对嵌岩段桩体的作用也增大，岩体所提供的土反力减小了嵌岩段桩体的弯矩。

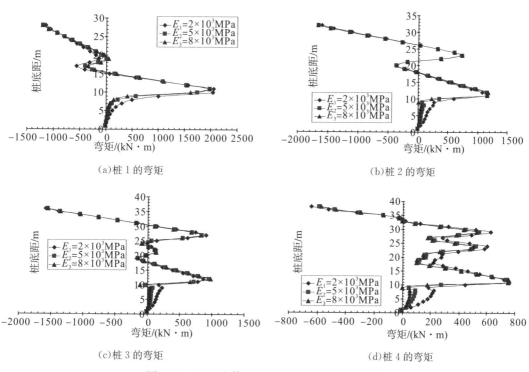

(a) 桩 1 的弯矩　　　　　　　　　　　　(b) 桩 2 的弯矩

(c) 桩 3 的弯矩　　　　　　　　　　　　(d) 桩 4 的弯矩

图 7.51　地基岩体不同弹性模量时各桩的弯矩

4. 黏聚力对群桩受力性状的影响

为了研究地基岩体不同黏聚力对钢护筒嵌岩群桩受力性状的影响，本书选取中风化泥岩黏聚力 $c_1=2000\text{kPa}$；$c_2=2500\text{kPa}$；$c_3=3000\text{kPa}$ 3 种方案进行对比分析。经过对上述 3 种方案的计算，以桩体为重点研究对象，提取各方案的结果。

1）桩体水平位移

图 7.52 所示为地基岩体不同黏聚力时桩身水平位移图。可以看出，在不同的黏聚力下，桩的水平位移曲线基本是重合的，说明此 3 种黏聚力对结构的桩体水平位移影响很小。

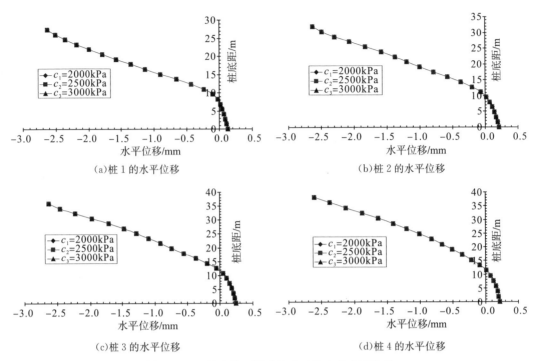

图 7.52   地基岩体不同黏聚力时桩身的水平位移

2)桩体弯矩分析

图 7.53 所示为地基岩体不同黏聚力时各桩的弯矩图。可以看出，在不同的黏聚力下，各桩的弯矩曲线基本重合，说明此 3 种黏聚力对结构的桩体弯矩影响很小。

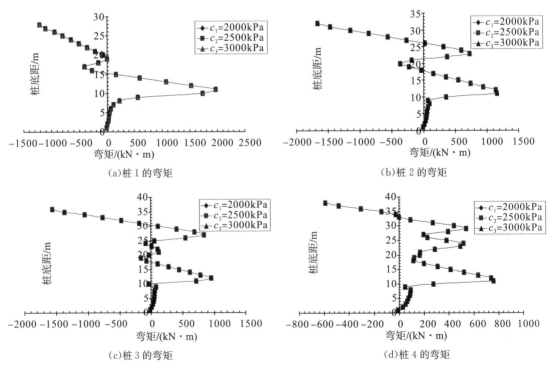

图 7.53   地基岩体不同黏聚力时各桩的弯矩

5. 内摩擦角对群桩受力性状的影响

为了研究地基岩体不同内摩擦角对钢护筒嵌岩群桩受力性状的影响，本书选取中风化泥岩内摩擦角 $\varphi_1=32°$，$\varphi_2=35°$，$\varphi_3=38°$ 3 种方案进行对比分析。经过对上述 3 种方案的计算，以桩体为重点研究对象，提取各方案的结果。

1）桩体水平位移

图 7.54 所示为地基岩体不同内摩擦角时各桩的水平位移图。可以看出，在不同的内摩擦角下，桩的水平位移曲线基本重合，说明此 3 种内摩擦角对结构的桩体水平位移影响很小。

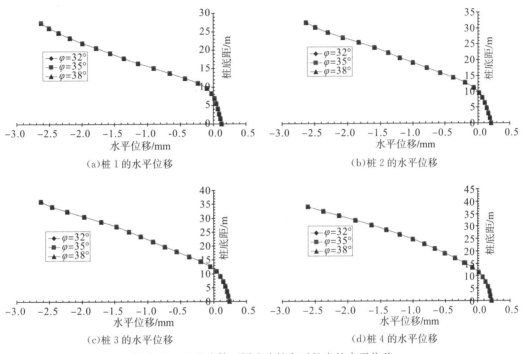

（a）桩 1 的水平位移　　　　　　　　　　（b）桩 2 的水平位移

（c）桩 3 的水平位移　　　　　　　　　　（d）桩 4 的水平位移

图 7.54　地基岩体不同内摩擦角时桩身的水平位移

2）弯矩分析

图 7.55 所示为地基岩体不同内摩擦角时各桩的弯矩图。可以看出，在不同的内摩擦角下各桩的弯矩曲线基本重合，说明此 3 种内摩擦角对结构的桩体弯矩影响很小。

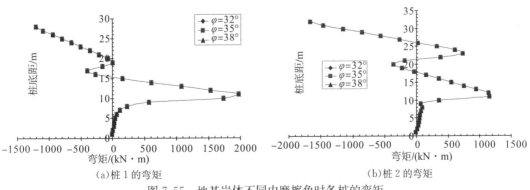

（a）桩 1 的弯矩　　　　　　　　　　　（b）桩 2 的弯矩

图 7.55　地基岩体不同内摩擦角时各桩的弯矩

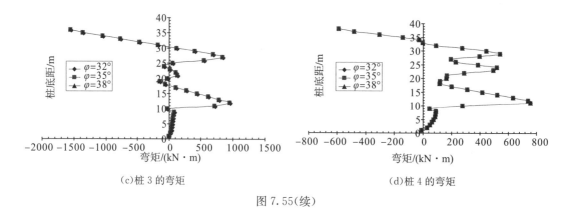

(c)桩 3 的弯矩   (d)桩 4 的弯矩

图 7.55(续)

7.5 初次蓄水条件下框架码头桩基承载性状的数值模拟

由于山区河流具有水位差大、后方岸坡陡等特点，特别是库区码头建设中可能存在大规模的前挖后填，初次蓄水条件下，岸坡土体可能发生变形，给码头桩基承载性状造成严重影响。本节采用数值模拟方法，系统研究初次蓄水条件下库区框架码头桩基承载性状。

7.5.1 模型建立

与前文数值模拟相比，考虑水库蓄水作用下的桩基承载需要进行渗流－应变的耦合计算。在 Plaxis 程序中，认为地下水在孔隙中的流动服从 Darcy 定律，该程序和其他有限元程序的不同之处在于，其为了区别浸润面上下在非饱和土和饱和土中地下水渗流方式的不同，在 Darcy 定律中对渗透系数引入了一个折减系数 K^r。当土体位于浸润面以下时，其对应的折减系数 K^r 等于 1；当土体位于浸润面以上时，其对应的折减系数 K^r 是一个小于 1 的数值 α；而在浸润面附近的"过渡"区域内的土体，其折减系数 K^r 则由 α 按线性递增到 1。折减函数 K^r 的表达式为

$$\frac{\partial}{\partial x}\left(K^r k_x \frac{\partial H}{\partial x}\right) + \frac{\partial}{\partial y}\left(K^r k_y \frac{\partial H}{\partial y}\right) + Q = 0 \tag{7.30}$$

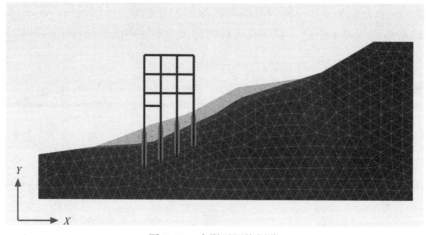

图 7.56 有限元网格划分

本次计算单元网格划分如图 7.56 所示。岸坡土体采用默认的 15 节点三角形单元，桩基采用板单元，数值模拟主要考虑下部桩基的受力及变形情况，为了计算方便，建立模型时约去靠船构件，屈服准则采用莫尔－库仑屈服准则，模型的总节点数为 8840 个，总单元数为 2550 个。

计算模型的岩质岸坡几何参数按照表 7.26 选取。

表 7.26　岩土材料参数

项目	重力密度/ (kN/m)	弹性模量 E_e/MPa	泊松比 ν	黏聚力 c/kPa	内摩擦角 φ/(°)	渗透系数 K/(m/d)
混凝土	24	2780	0.20	1186	55	0.3
覆盖层	18	70	0.28	17.9	18.46	5
强风化岩	24	600	0.30	300	35	1
中风化岩	25	2100	0.33	840	40	0.5
钢筋混凝土	24.0	8.15×10^6	0.22	500	60	0

7.5.2　计算结果分析

在初次蓄水过程中边坡稳定性的变化对框架结构稳定性影响分析中，输出的结果数据相当多。为了有重点地进行分析，并与初次蓄水过程中岸坡失稳及排架结构变形进行对比分析，本书只对部分计算结果进行对比分析。

1. 边坡变形和位移分析

图 7.57 所示为 3 种水位条件下岸坡及码头结构变形图比较；图 7.58 所示为岸坡稳定性随水位变化的关系曲线。在低水位时，岸坡与码头结构的变形基本为零，随着水位的上升，在中水位时，岸坡和码头结构均出现较明显的变形，并且有增大的趋势。其原因是，岸坡堆积体随着蓄水位的升高，坡外静水压力增长较快，岸坡堆积体地下水浸润线提升滞后于库水位，浸润线呈上凹型，因此在蓄水初期水位上升对坡体稳定性有利，当库水位达到蓄水位后，岸坡堆积体地下水随时间的增长形成稳定渗流，稳定性系数会降低，因此对码头结构的影响也较明显。

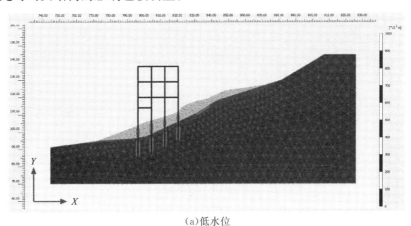

(a)低水位

图 7.57　不同水位下岸坡及码头结构变形

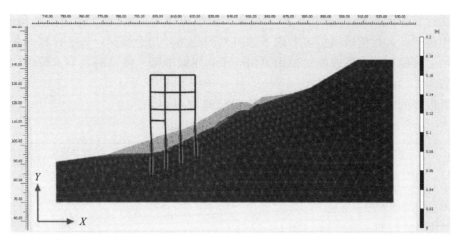

(b)中水位

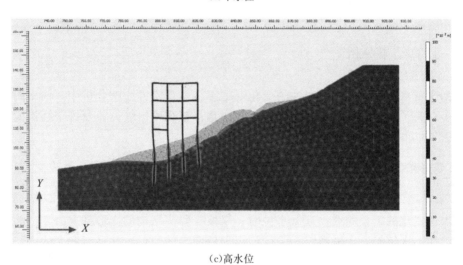

(c)高水位

图 7.57(续)

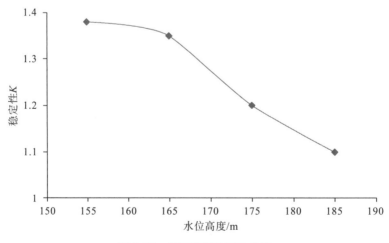

图 7.58　岸坡稳定性变化曲线

2.　初次蓄水过程中荷载变化对码头结构承载性状的影响

由于码头在运营期间受到多种力的共同作用，这里主要考虑在正常运营条件下，分别按低、中、高 3 种水位对码头结构施加 110kN 的水平系缆力，与码头平台均布荷载共同作用，各种工况及计算结果见表 7.27 和表 7.28。

表 7.27　荷载组合表

工况	水位	系缆力/kN	前沿荷载/kPa
工况一	低水位	110	20
工况二	中水位	110	20
工况三	高水位	110	20

表 7.28　各工况下计算结果表（最大值）

参数	位置	工况一	工况二	工况三
位移/mm	桩	−8.1	−13.2	−16.5
剪力/kN	桩	65.3	108.2	229.6
弯矩/(kN·m)	桩	−820	1150	1960

初次蓄水过程中，在低水位情况下，岸坡有一定的稳定性，码头排架水平位移都较小，此时系缆力作用位置较低，使得第一排桩的剪力值较大，系缆力作用点处产生了较大的弯矩，岸坡土体也有一定的侧向滑动趋势。

随着蓄水过程的继续，在中水位和高水位的情况下，岸坡稳定性逐渐减小，码头排架的水平位移增大较多，排架顶部最大水平位移达到 16.5mm，剪力和弯矩增大也较多。后方岸坡的侧向变形会对码头结构造成一定的影响，由于后方岸坡对码头的侧向作用，后三排桩的剪力和弯矩都比前排桩大，后排桩的剪力和弯矩都为最大值。

图 7.59 所示为各工况下排架结构的位移。可以看出，排架结构的位移主要分布在桩－土交界面以上，桩顶位移最大，岩－土分界面以下，位移很小，几乎为零。顶部荷载的作用下，第一层排架位移较大。

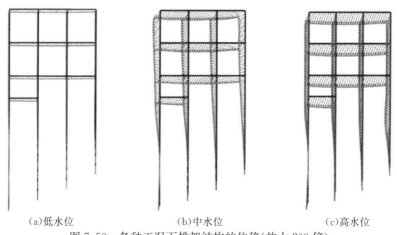

　　　（a）低水位　　　　　　　　　（b）中水位　　　　　　　　　（c）高水位
图 7.59　各种工况下排架结构的位移（放大 200 倍）

　　图 7.60 所示为各工况下排架结构的剪力和弯矩。可以看出，随着蓄水位的提高，剪力和弯矩最大值出现在桩–土交界面处，即强风化岩与中分化岩分界面附近。界面线以下由于桩受到岩石的约束，剪力逐渐减小，而弯矩也逐渐减小。

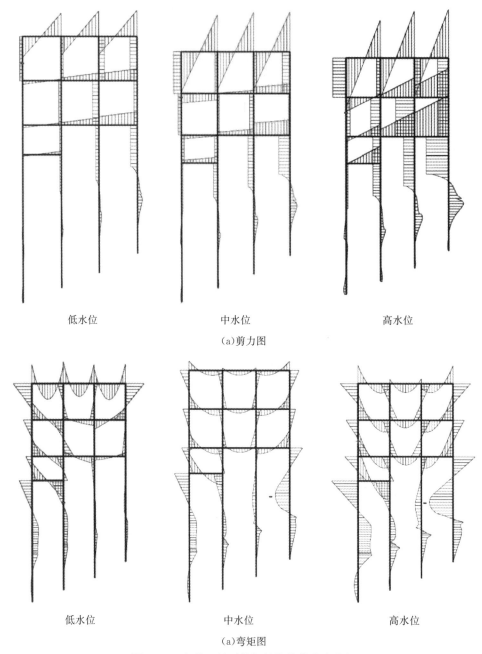

低水位　　　　　　　　　　中水位　　　　　　　　　　高水位

(a)剪力图

低水位　　　　　　　　　　中水位　　　　　　　　　　高水位

(a)弯矩图

图 7.60　各种工况下排架结构的剪力和弯矩

3. 初次蓄水过程中岸坡变形分析

　　图 7.61 所示为各种工况下岸坡的位移云图。可以看出，岸坡位移区主要分布在与码头结构接触的区域。出现这种情况的原因主要是高桩码头与岸坡的相互作用主要集中体

现在两种介质界面上，码头桩基起着被动桩的作用，岸坡的下滑力的作用主要集中于码头桩基上，随着水位的升高，这种作用逐渐增大，导致岸坡的水平位移增大。

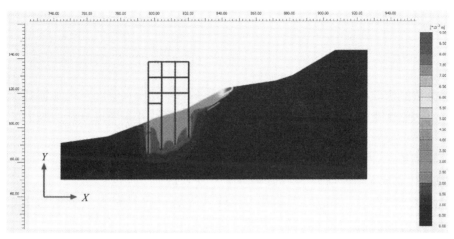

(a)低水位

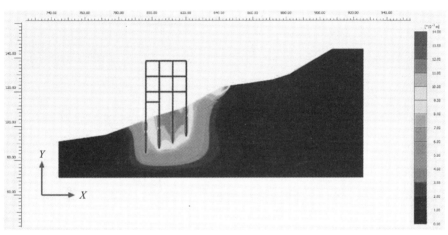

(b)中水位

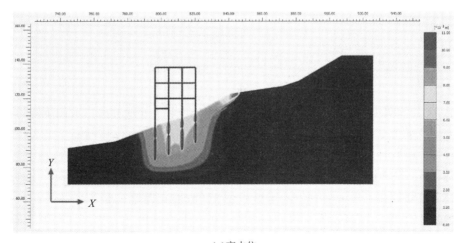

(c)高水位

图 7.61　各种工况下岸坡的位移云图

7.6 水位骤降码头桩基承载性状数值模拟分析

7.6.1 数值模拟方案

该部分数值分析从水位变幅和水位变速两个方面研究库水骤降对码头桩基及岸坡影响，为突出水位骤降这一研究的主要因素，本次数值模拟并未考虑复杂的码头荷载工况组合，仅于码头顶部施加 20kPa 均布荷载。

水位降幅共 6 种计算方案，设计库水位以 3m/d 的速度从初始水位 180m 骤降至 155m，每个计算步降幅为 5m，水位变幅方案见表 7.29。

水位降速考虑 0.5～4m/d 共 6 种水位降速方案，此时库水位直接从 180m 降至 155m，期间不插入附加计算步，水位降速方案见表 7.30。

表 7.29 水位降幅方案表

参数	方案编号					
	1	2	3	4	5	6
水位降速/(m/d)	—	3	3	3	3	3
水位降幅/m	—	5	5	5	5	5
水位高程/m	180	175	170	165	160	155

表 7.30 水位降速方案表

参数	方案编号					
	1	2	3	4	5	6
水位降速/(m/d)	0.1	0.5	1	2	3	4
初始水位/m	180	180	180	180	180	180
水位高程/m	155	155	155	155	155	155

7.6.2 水位降幅对码头桩基受力变形的影响

表 7.31 为不同水位降幅时码头桩基位移及受力结果。可以看出，水位下降过程中桩基最大位移及最大受力值不断变化。降水过程中桩基竖向最大位移与横向最大位移均不断增大，其中桩基竖向最大位移由 0.38mm 增至 6.67mm，桩基横向最大位移由 1.11mm 增至 2.80mm。虽然桩基横向最大位移在降水初始阶段略大于桩基竖向最大位移，但桩基竖向最大位移增长更快，当水位降至低水位 155m 时桩基竖向最大位移已是桩基横向最大位移的 2.38 倍。当规定近岸侧桩基为 1 号桩，近河侧桩基为 4 号桩，中间依次为 2 号、3 号桩时，可以看出在整个降水过程中桩基最大位移出现的桩位也较为固定和统一，一般均位于 1 号桩基，个别水位时出现在 2 号桩基。笔者认为这是由于 1 号、2 号桩身入

土深度较 3 号、4 号桩而言相对较浅，分别为 15.9m、17.2m，而 3 号、4 号桩身入土深度为 22.7m、24.2m，入土深度越浅，意味着岸坡岩土体对其的锚固作用也就越小，水位骤降时岸坡易滑区域主要在上部岩土层，因此入土深度较浅的 1 号、2 号桩基受到岸坡滑移变形的影响也更大，且相对于 1 号、2 号桩基的单独直桩结构，3 号、4 号桩基之间还连有横撑，这在一定程度上也制约了水位骤降时的桩基变形。

表 7.31　不同水位降幅时码头桩基位移及受力结果

水位/m	桩基竖向最大位移值/mm	所处桩位	桩基横向最大位移值/mm	所处桩位	桩基竖向受力最大值/kN	所处桩位	桩基横向受力最大值/kN	所处桩位
175	0.38	2 号	1.11	2 号	379.8	1 号	161.1	4 号
170	0.63	1 号	1.13	1 号	375.9	1 号	171.7	4 号
165	1.93	1 号	1.35	2 号	369.4	1 号	183.4	4 号
160	3.94	1 号	2.14	1 号	357.7	2 号	194.8	4 号
155	6.67	1 号	2.80	1 号	351.7	1 号	207.9	4 号

对于桩基受力，表 7.31 反映出降水过程中桩基竖向受力最大值逐渐减小，而横向受力最大值逐渐增大的规律，其中桩基竖向受力最大值由 379.8kN 降至 351.7kN，而桩基横向受力最大值由 161.1kN 增至 207.9kN。整体上看，各个水位时桩基竖向受力最大值均大于横向受力最大值。由于降水过程中岸坡滑移以竖向滑移为主，因而竖向桩-土相互作用起主要作用，桩基竖向受力较大。随着水位逐渐降至低水位 155m，竖向桩-土相对运动逐渐放缓，桩基竖向受力也有一定程度的减小，但受岸坡坡型的影响，虽然岸坡横向滑移对桩基影响较小，但受后方岸坡滞留水压向前方消散的影响，其横向滑移一直缓慢发展，导致桩基横向最大受力在一定范围内逐渐增大。由于 1 号桩基入土深度较浅，而岸坡竖向滑移区域也主要集中在岸坡上部，因此 1 号桩基的竖向桩-土相对滑移趋势最为明显，其桩基竖向最大受力一般要大于其余各桩。而 4 号桩基入土较深，受岸坡岩土体锚固作用更加明显，上部岸坡岩土体水平滑移所造成的水平剪切荷载也更大。

7.6.3　水位降速对码头桩基受力变形的影响

表 7.32 为不同水位降速时码头桩基位移及受力结果。可以看出，伴随着库水位下降速率由 0.1m/d 逐渐增大至 4.0m/d，桩基竖向最大位移与横向最大位移均呈现出不断增大的趋势，其中桩基竖向最大位移由 5.31mm 增至 7.01mm，桩基横向最大位移由 1.66mm 增至 3.48mm。整体上看，各水位降速条件下桩基竖向最大位移均大于桩基横向最大位移，水位降速达到 4m/d 时桩基竖向最大位移为横向最大位移的 2.01 倍，说明水位骤降过程中桩周岩土体竖向滑移的程度大于横向滑移。由于 1 号、2 号桩身入土深度相对较浅，岸坡岩土体对其的锚固作用相对较小，而水位骤降时岸坡易滑区域主要在上部岩土层，因此 1 号、2 号桩基受到岸坡滑移变形的影响也更大，各个水位降速条件下桩基最大位移均出现在 1 号、2 号桩基。

表 7.32　不同水位降速时码头桩基位移及受力结果

水位/m	桩基竖向最大位移值/mm	所处桩位	桩基横向最大位移值/mm	所处桩位	桩基竖向受力最大值/kN	所处桩位	桩基横向受力最大值/kN	所处桩位
0.1	5.31	2 号	1.66	1 号	300.8	1 号	159.7	4 号
0.5	5.78	1 号	1.72	1 号	307.3	1 号	164.9	4 号
1	6.03	1 号	1.99	2 号	320.9	1 号	179.5	4 号
2	6.34	1 号	2.37	1 号	331.0	1 号	192.3	4 号
3	6.67	1 号	2.80	1 号	351.7	1 号	207.9	4 号
4	7.01	2 号	3.48	1 号	384.3	1 号	226.2	4 号

　　对于桩基受力，表 7.32 反映出伴随着库水位下降速率的逐渐增大，桩基竖向与横向受力最大值均呈现出逐渐增大的趋势，其中桩基竖向受力最大值由 300.8kN 增至 384.3kN，桩基横向受力最大值由 159.7kN 增至 226.2kN。整体上看，不同水位降速条件下桩基竖向受力最大值均大于横向受力最大值，竖向受力最大值一般位于 1 号桩基，而横向受力最大值一般位于 4 号桩基。结合图 7.62 库水骤降(4m/d)条件下桩基受力变形，可以看出库水骤降时桩基最大受力变形位置均出现在桩身入土界面，进一步反映出库水骤降时岸坡变形滑移对码头桩基受力变形的显著影响。

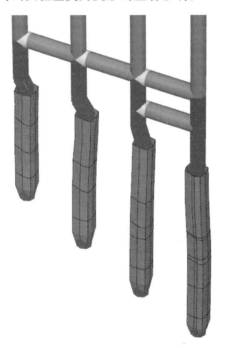

图 7.62　库水骤降(4m/d)条件下桩基受力变形

7.7　本章小结

　　数值模拟是研究桩基承载规律的常用方法。钢护筒嵌岩桩自身结构特殊，使用过程中面临的水文地质条件复杂，利用物理模型试验等方法很难全面把握桩基的受力变形规律。数值模拟方法具有成本低、效率高的特点，在钢护筒嵌岩桩承载规律研究中具有明显的优势。本章主要介绍了钢护筒嵌岩桩承载规律数值模拟的方法，包括本构模型的选择、参数的确定、接触面的模拟方法及边界条件的施加等，提出了较为系统的钢护筒嵌岩桩承载数值模拟技术。对单群桩条件下的桩基受载进行了模拟，揭示了大尺寸钢护筒嵌岩桩的承载机理，阐明了桩基承载过程中的荷载传递规律；通过与传统嵌岩桩的对比，明确了钢护筒嵌岩桩作为深水码头基础而具有的受力特点。本章还考虑了各种因素，包括钢护筒及桩身混凝土性质、地基性质及水文条件等对桩基承载的影响，结合桩基的承载机理，为深水码头大尺寸钢护筒嵌岩桩的设计计算提供了依据。

参 考 文 献

[1]刘明维，贾理，梁越，等. 三峡成库后库区码头基础型式分析及研究展望[J]. 中国港湾建设，2014，(3)：13－19.

[2]吴友仁，王多垠，吴宋仁，等. 长江上游港口码头结构型式及其发展趋势[J]. 港工技术，2005，(4)：22－24.

[3]周世良，李丰华，吴飞桥，等. 三峡库区大型散货出口码头结构型式和装卸工艺[J]. 中国港湾建设，2009，(5)：21－23.

[4]Pells P J N，Tuner R M. Elastic solutions for the design and analysis of rock-socked piles [J]. Canadian Geotechnical Journal，2011，16(3)：481－487.

[5]邢皓枫，孟明辉，罗勇，等. 软岩嵌岩桩荷载传递机理及其破坏特征[J]. 岩土工程学报，2011，(10)：355－361.

[6]尹文，贾理. 架空直立式码头钢护筒嵌岩桩受力性状综述[J]. 嘉应学院学报(自然科学)，2013，32(2)：33－38.

[7]汪承志，刘建国，石兴勇. 钢护筒与钢筋混凝土联合受力的内河大水差架空直立式码头力学特性分析[J]. 水运工程，2012，(6)：115－120.

[8]何思明，张晓曦，欧阳朝军. 条形基础荷载对边坡稳定性影响与加固研究[J]. 岩土工程学报，2012，33(12)：1980－1986.

[9]杨杰，马兴华，黄苣苣. 低桩承台挡土墙基础结构设计计算[J]. 水运工程，2012，(12)：74－77.

[10]钟善桐. 钢管混凝土统一理论——研究与应用[M]. 北京：清华大学出版社，2006.

[11]Christopher B. Field study of composite piles in the marine environment [R]. Kingston：University of Rhode Island，2005.

[12]施铭德，曾福生，周爱，等. 我国内河跨江大桥钢结构防腐与涂装[J]. 桥梁，2009，(12)：34－37.

[13]张帆，柏兴伟，刘博. 灌河大桥主墩钢护筒设计[J]. 公路，2013(10)：113－116.

[14]穆保岗，班笑，龚维明. 考虑钢护筒效应的混合桩水平承载性能分析[J]. 土木建筑与环境工程，2011，33(3)：68－73.

[15]黄亮生，冯向宇. 钢护筒参与桩身受力的构造处理和计算分析[J]. 结构工程师，2005，21(4)：52－55.

[16]Dodds A. A numerical study of pile behavior in large pile groups under lateral loading [M]. America，Dissertation Abstracts International，2005.

[17]Kim Y，Jeong S. Analysis of soil resistance on laterally loaded piles based on 3D soil-pile interaction [J]. Computers and Geotechnics，2011，38(2)：248－257.

[18]Osman A，Randolph M. Analytical solution for the consolidation around a laterally loaded pile [J]. International Journal of Geomechanics，2011，12(3)：199－208.

[19]Memarpour M M，Kimiaei M，Shayanfar M，et al. Cyclic lateral response of pile foundations in offshore platforms [J]. Computers and Geotechnics，2012，42(0)：180－192.

[20]Chae K，Ugai K，Wakai A. Lateral resistance of short single piles and pile groups located near slopes [J]. International Journal of Geomechanics，2004，4(2)：93－103.

[21]Monkul M M. Validation of practice oriented models and influence of soil stiffness on lateral pile response due to kinematic loading [J]. Marine Georesources & Geotechnology，2008，26(3)：145－159.

[22]Hall C G，Wang M C. Behavior of laterally loaded caissons in weak rock [J]. Geotechnical Special Publication，2000：240－253.

[23]Reese L C，Hudson W R，Vijayvergiya V N. An investigation of the interaction between bored piles and soil [A]//Proceeding 7th International Conference on Soil Mechanics Foundation Engineering [C]. Mexico City，1969，(2)：211－215.

[24]Horvath R G，Kenney T C，Trow W A. Results of tests to determine shaft resistance of rock-socketed drilled piers [A]//Proceedings of the International Conference on Structural Foundations on Rock [C]. Sydney，1980：

349－361.

[25]Horvath R G，Kenney T C，Kozicki P. Methods of improving the performance of drilled piers in weak rock [J].
Canadian Geotechnical Journal，1983，20(4)：758－772.

[26]史佩栋，梁晋渝. 嵌岩桩竖向承载力的研究[J]. 岩土工程学报，1994，16(4)：32－39.

[27]中华人民共和国住房和城乡建设部. 建筑桩基技术规范(JGJ 94－1994)[S]. 北京：中国建筑工业出版社，1995.

[28]中华人民共和国住房和城乡建设部. 建筑桩基技术规范(JGJ 94－2008)[S]. 北京：中国建筑工业出版社，2008.

[29]宋仁乾，张忠苗. 软土地基中嵌岩桩嵌岩深度的研究[J]. 岩土力学，2003，24(6)：1053－1057.

[30]张建华. 大直径嵌岩灌注桩承载性状及桩侧阻力强化效应试验研究[D]. 兰州：兰州理工大学，2010.

[31]龚成中，何春林，龚维明，等. 桩基静载试验自平衡法测试原理及方法[J]. 公路，2011，(12)：46－50.

[32]刘衡. 厚层沉渣嵌岩桩承载性状研究[D]. 西安：西安建筑科技大学，2012.

[33]汤洪霞，张明义，刘宗禹，等. 胶州湾填海地区深嵌岩灌注桩承载性能试验研究[J]. 岩土工程学报，2013，35
(s2)：1071－1074.

[34]许建. 新近厚填土场地桩基负摩阻力特征及嵌岩桩设计方法研究[D]. 成都：西南交通大学，2013.

[35]Pells P J N，Rowe R K，Tunrer R M. An experimental investigation into side shear for socketed piles in sandstone
[A]//Proceedings of the International Conference on Structural Foundations on Rock [C]. Sydney，1980：291
－302.

[36]杨嘉璞. 嵌岩灌注桩的轴向承载力[J]. 岩土工程学报，1984，6(2)：13－22.

[37]Johnston W，Lam T S K，Williams A F. Constant normal stiffness direct shear testing for socketed pile design in
weak rock [J]. Geotechnique，1995，37(1)：83－89.

[38]Indraratna B，Haque A，Aziz. Shear behavior of idealized in filled joints under constant normal stiffness [J].
Geotechnique，1998，49(3)：331－355.

[39]Gu X F，Haberfleld C M. Laboratory investigation of shaft resistance for piles socketed in basalt [J]. International Jour-
nal of Rock Mechanics and Mining Sciences，2004，41(3)：465－471.

[40]张建新，吴东云. 桩端阻力与桩侧阻力相互作用研究[J]. 岩土力学，2008，29(2)：541－544.

[41]高睿，王艳强，王鑫. 嵌岩桩承载特性的试验研究[J]. 中国农村水利水电，2011(11)：82－85.

[42]李克森. 高原库区软岩嵌岩桩竖向承载力性能研究[D]. 重庆：重庆交通大学，2012.

[43]Seed H B，Reese L C. The action of soft clay along friction piles [J]. Transactions of ASCE，1957
(122)：731－754.

[44]Chiu H K，Dight P M. Prediction of the performance of rock-socketed side-resistance-only piles using profiles [J].
International Journal of Rock Mechanics and Mining Sciences，1983，20(1)：21－32.

[45]叶玲玲，朱小林. 传递函数法计算嵌岩桩承载力[J]. 同济大学学报，1995，23(3)：315－320.

[46]邱钰，刘松玉，韦杰. 深长大直径嵌岩桩单桩沉降的简化计算[J]. 岩土工程学报，2002，24(4)：535－537.

[47]Seol H，Jeonga S，Chob C. Shear load transfer for rock-socketed drilled shafts based on borehole roughness and geological
strength index(GSI) [J]. International Journal of Rock Mechanics and Mining Sciences，2008(45)：848－861.

[48]王卫中，赵春风，郭院成. 非原位测试条件下单桩承载力确定方法[J]. 沈阳建筑大学学报(自然科学版)，2011，
27(2)：232－236.

[49]戴国亮，龚维明，陈隆. 基于 Hoek-Brown 准则嵌岩段桩－岩侧阻力修正计算方法[J]. 岩土工程学报，2012，
34(9)：1746－1752.

[50]罗卫华. 基于荷载传递法的嵌岩桩竖向承载力计算方法研究[D]. 湖南：湖南大学，2013.

[51]李建军. 砂卵石土覆盖层大直径嵌岩桩及桩筏基础荷载传递机理与应用研究[D]. 太原：太原理工大学，2010.

[52]Rowe R K，Armitage H. Theoretical solutions for axial deformation of drilled in rock [J]. Canadian Geotechnical
Journal，1987，(2)：114－125.

[53]Rowe R K，Armitage H. A design method for drilled piers in soft rock [J]. Canadian Geotechnical Journal，
1987，24(1)：126－142.

[54]Leong E C，Randolph M F. Finite element modeling of rock-socketed piles [J]. International Journal for Numeri-
cal and Analytical Methods in Geomechanics，1994，(18)：25－47.

[55]陈斌，卓家寿，吴天寿. 嵌岩桩承载性状的有限元分析[J]. 岩土工程学报，2002，24(1)：51－55.

[56]邱钰，周琳，刘松玉. 深长大直径嵌岩桩单桩承载性状的有限元分析[J]. 土木工程学报，2003，36(10)：95－101.

[57]许锡宾，周亮，刘涛. 大直径嵌岩桩单桩承载性能的有限元分析[J]. 重庆交通大学学报(自然科学版)，2010，29(6)：942－946.

[58]黄生根，张晓炜，刘炜嶓. 大直径嵌岩桩承载性能的有限元模拟分析[J]. 岩土工程学报，2011(s2)：412－416.

[59]Matlock H. Correlations for design of laterally loaded piles in soft clay [C]//The Second Annual Offshore Technology Conference. New York：American Institute of Mining，Metallurgical and Petroleum Engineers1970：577－588.

[60]Alizadeh M，Davission M T. Lateral load tests on piles—Arkansas river project [J]. Journal of the Soil Mechanics and Foundations Division，1970，96(5)：1583－1604.

[61]Huang A，Hsueh C，O'Neill M，et al. Effects of construction on laterally loaded pile groups [J]. Journal of Geotechnical and Geoenvironmental Engineering，ASCE，2001，127(5)：385－397.

[62]杜红志. 单根嵌岩桩在水平荷载作用下原型测试分析[J]. 土工基础，1999，13(3)：45－50.

[63]王建华，陈锦剑，柯学. 水平荷载下大直径嵌岩桩的承载力特性研究[J]. 岩土工程学报，2007(8)：1194－1198.

[64]王多垠，兰超，何光春，等. 内河港口大直径嵌岩灌注桩横向承载性能室内模型试验研究[J]. 岩土工程学报，2007(9)：1307－1313.

[65]赵明华，吴鸣，郭玉荣. 轴、横向荷载下桥梁基桩的受力分析及试验研究[J]. 中国公路学报，2002，15(1)：50－54.

[66]刘汉龙，张建伟，彭劼. PCC桩水平承载特性足尺模型试验研究[J]. 岩土工程学报，2009(2)：161－165.

[67]刘汉龙，陶学俊，张建伟，等. 水平荷载作用下PCC桩复合地基工作性状[J]. 岩土力学，2010，31(9)：2716－2722.

[68]关英俊. 高原库区软岩嵌岩桩水平承载力性能研究[D]. 重庆：重庆交通大学，2012.

[69]李忠诚，杨敏. 被动桩土压力计算的被动拱－主动楔模型[J]. 岩石力学与工程学报，2006(S2)：4241－4247.

[70]张磊，龚晓南，俞建霖. 基于地基反力法的水平荷载单桩半解析解[J]. 四川大学学报(工程科学版)，2011(1)：37－42.

[71]赵明华，邹新军，罗松南. 水平荷载下桩侧土体位移分布的弹性解及其工程应用[J]. 土木工程学报，2005(10)：112－116.

[72]赵明华，邹新军，罗松南，等. 横向受荷桩桩侧土体位移应力分布弹性解[J]. 岩土工程学报，2004(6)：767－771.

[73]吴恒立. 计算推力桩的综合刚度原理和双参数法[M]. 北京：人民交通出版社，2000.

[74]劳伟康，周立运，王钊. 大直径柔性钢管嵌岩桩水平承载力试验与理论分析[J]. 岩石力学与工程学报，2004，23(10)：1770－1777.

[75]张磊. 水平荷载作用下单桩性状研究[D]. 浙江：浙江大学，2011.

[76]张明武. 桩基计算的边界元模拟法[J]. 中国市政工程，1994(3)：26－28.

[77]李桐栋，张力霆. 水平承载桩的有限元分析[J]. 河北工业大学学报，2001，30(5)：107－110.

[78]周常春. 水平荷载下群桩的受力变形特性分析[D]. 重庆：重庆大学，2002.

[79]Chong W L，Haque A，Ranjith P G，et al. Effect of joints on p-y behaviour of laterally loaded piles socketed into mudstone [J]. International Journal of Rock Mechanics and Mining Sciences，2011，48(3)：372－379.

[80]Virdi K S，Dowling P J. Bond strength in concrete filled circular steel tubes [R]. London：Imperial College，1975.

[81]Virdi K S，Dowling P J. Bond strength in concrete filled steel tubes [J]. IABSE Periodica，1980(3)：125－139.

[82]Yasser M. Bond strength in battened composite columns [J]. Journal of Structural Engineering，1991(3)：699－714.

[83]薛立红. 钢管混凝土柱组合界面抗剪连接的试验研究[D]. 北京：中国建筑科学研究院，1994.

[84]Tomii M，Morishita Y，Yoshimura K. A method of improving bond strength between steel tube and concrete core cast in circular steel tubular columns [J]. Transactions of Japan Concrete Institute，1980(2)：319－326.

[85]Morishita Y，Tomii M，Yoshimura K. Experimental studies on bond strength between square steel tube and encased concrete core under cyclic shearing force and constant axial force [J]. Transactions of Japan Concrete Institu-

te，1982(4)：363—370.

[86]Morishita Y，Tomii M，Yoshimura K. Experimental studies on bond strength in concrete filled circular steel tuhular columns subjected to axial loads [J]. Transactions of Japan Concrete Institute，1979，(1)：351—358.

[87]Shakir K H. Pushout strength of concrete-filled steel hollow sections [J]. The Structural Engineer，1993，71 (13)：230—233.

[88]薛立红，蔡绍怀. 钢管混凝土柱组合界面的粘结强度：上[J]. 建筑科学，1996，12(3)：22—28.

[89]薛立红，蔡绍怀. 钢管混凝土柱组合界面的粘结强度：下[J]. 建筑科学，1996，12(4)：19—23.

[90]刘永健，池建军. 方钢管混凝土界面粘结强度的试验研究[J]. 建筑技术，2005，36(2)：97—99.

[91]刘永健，刘君平，池建军. 钢管混凝土界面抗剪粘结滑移力学性能试验[J]. 广西大学学报，2010，35(1)：17—24.

[92]刘永健，池建军. 钢管混凝土界面抗剪粘结强度的推出试验[J]. 工业建筑，2006，36(4)：78—80.

[93]刘永健，刘君平，郭永平，等. 钢管混凝土界面粘结滑移性能[J]. 长安大学学报(自然科学版)，2007，27(2)：53—57.

[94]Fam A，Qie F S，Rizkalla S. Concrete-filled steel tubes subjected to axial compression and lateral cyclic loads [J]. Joural of Structural Engineer，2004(130)：631—640.

[95]苏献祥，闫月梅，李超华. 反复荷载作用下矩形钢管混凝土柱的滞回性能研究[J]. 世界地震工程，2009，25 (1)：138—142.

[96]Qu X，Chen Z，David A，et al. Load-reversed push-out tests on rectangular CFST columns [J]. Journal of Constructional Steel Research，2013，(81)：35—43.

[97]辛海亮. 钢管混凝土粘结滑移本构关系理论研究[J]. 建材技术与应用，2007，(10)：3—5.

[98]Lee Y H，Joo Y T，Lee T，et al. Mechanical properties of constitutive parameters in steel-concrete interface [J]. Engineering Structures，2011，33(4)：1277—1290.

[99]卢明奇. 钢管混凝土结构三维非线性有限元分析和设计理论的研究[D]. 天津：天津大学，2005.

[100]康希良. 钢管混凝土组合力学性能及粘结滑移性能研究[D]. 西安：西安建筑科技大学，2008.

[101]汪陆霖. 钢管混凝土粘结-滑移性能的研究[D]. 沈阳：沈阳建筑大学，2011.

[102]中华人民共和国建设部. 建筑地基基础设计规范(GB 50007—2002)[S]. 北京：中国建筑工业出版社，2002.

[103]中华人民共和国交通部. 公路桥涵地基与基础设计规范(JTJ 24—1985)[S]. 北京：人民交通出版社，1985.

[104]中华人民共和国铁道部. 铁路桥涵地基和基础设计规范(TB 10002. 5—2005)[S]. 北京：中国铁道出版社，2005.

[105]中华人民共和国铁道部. 铁路桥涵设计规范(TBJ 2—1985)[S]. 北京：中国铁道出版社，1985.

[106]蔡绍怀，焦占栓. 钢管混凝土短柱的基本性能和强度计算[J]. 建筑结构学报，1984，5(6)：13—29.

[107]中国工程建设标准化协会. 矩形钢管混凝土结构技术规程(CECS 159：2004)[S]. 北京：中国计划出版社，2004.

[108]中国工程建设标准化协会. 钢管混凝土结构技术规程(CECS 28：2012)[S]. 北京：中国计划出版社，2012.

[109]中国工程建设标准化协会. 钢管混凝土结构技术规范(G 50936—2014)[S]. 北京：中国计划出版社，2012.

[110]英国标准委员会. BS 5400：2005. Steel，concrete and composite bridges [S]. 2005.

[111]汤关祥，招炳泉，竺惠仙，等. 钢管混凝土基本力学性能的研究[J]. 建筑结构学报，1982，3(1)：13—31.

[112]殷宗泽，朱泓，许国华，等. 土与结构材料接触面的变形及其数学模拟[J]. 岩土工程学报，1994，16(3)：14—21.

[113]薛立红，蔡绍怀. 荷载偏心率对钢管混凝土柱组合界面粘结强度的影响[J]. 建筑科学，1997，(2)：22—25.

[114]邓洪洲，傅鹏程，余志伟. 矩形钢管和混凝土之间的粘结性能试验[J]. 特种结构，2005，22(1)：50—52.

[115]刘永健，周旭红，邹银生，等. 矩形钢管混凝土横向局部承压强度的试验研究[J]. 建筑结构学报，2003，24 (2)：42—48.

[116]赵鸿铁. 钢与混凝土组合结构[M]. 北京：科学出版社，2001.

[117]辛海亮. 钢管混凝土粘结滑移本构关系的试验研究[D]. 西安：西安建筑科技大学，2008.

[118]胡黎明，濮家骝. 土与结构物接触面物理力学特性试验研究[J]. 岩土工程学报，2001，23(4)：431—435.

[119]张明义，邓安福. 桩-土滑动摩擦的实验研究[J]. 岩土力学，2002，23(2)：246—249.

[120]张嘎，张建民. 循环荷载作用下粗粒土与结构接触面变形特性的试验研究[J]. 岩土工程学报，2004，26(2)：

254－258.

[121]杨丽君，王伟，卢廷浩. 桩－土接触面剪切性质室内单剪试验研究[J]. 公路学报，2008，(08)：209－212.

[122]刘建峰. 桩土界面摩擦特性试验研究[D]. 天津：天津大学，2008.

[123]赵世航，许锡宾. 嵌岩桩竖向承载力的探讨[J]. 重庆交通大学学报(自然科学版)，2008，27(2)：255－288.

[124]张忠苗. 桩基工程[M]. 北京：中国建筑工业出版社，2007.

[125]陈玲，穆保岗，汪梅，等. 考虑钢护筒效应变截面桩竖向承载力研究[J]. 江西建筑，2010，(4)：51－53.

[126]韩林海，杨有福. 现代钢管混凝土结构技术[M]. 北京：中国建筑工业出版社，2004.

[127]周国庆，赵光思，别小勇. 超高压直残剪试验系统及其初步应用[J]. 中国矿业大学学报，2001，30(2)：10－13.

[128]周志刚，李文胜，宋勤德. 大型直剪仪试验的尺寸效应[J]. 长沙交通学院学报，1999，15(1)：48－50.

[129]韩森，徐鸥明，王彦志，等. 风化石粒料基层材料抗剪强度变化规律研究[J]. 公路，2004，(10)：143－147.

[130]高翔，石名磊，刘松玉. 加筋粘性土筋土界面剪切特性的试验研究[J]. 公路交通科技，2002，19(5)：8－10.

[131]张丙印，付建，李全明. 散粒体材料间接触面力学特性的单剪试验研究[J]. 岩土力学，2004，25(10)：1522－1526.

[132]董云，柴贺军. 土石混合料室内大型直剪试验的改进研究[J]. 岩土工程学报，2005，27(11)：94－98.

[133]张晓锋，袁聚云. 土与钢材料接触面性能的试验研究[J]. 岩土工程技术，2007，21(3)：131－133.

[134]臧德记，刘斯宏，汪滨. 原状膨胀岩剪切性状的直剪试验研究[J]. 地下空间与工程学报，2009，10(5)：915－919.

[135]王俊杰，马伟，梁越，等. 钢板与砂泥岩混合填土接触面力学特性试验研究[J]. 水运工程，2014，(1)：182－187.

[136]彭凯，朱俊高，伍小玉，等. 不同泥皮粗粒土与结构接触面力学特性实验[J]. 重庆大学学报，2011，34(1)：110－115.

[137]彭凯，朱俊高，张丹，等. 粗粒土与混凝土接触面特性单剪试验研究[J]. 岩石力学与工程学报，2010，29(9)：1893－1900.

[138]冯大阔，张建民. 粗粒土与结构接触面静动力学特性的大型单剪试验研究[J]. 岩土工程学报，2012，34(7)：1201－1208.

[139]卢廷浩，鲍伏波. 接触面薄层单元耦合本构模型[J]. 水利学报，2000，(2)：71－75.

[140]周小文，龚壁卫，丁红顺，等. 砾石垫层－混凝土接触面力学特性单剪试验研究[J]. 岩土工程学报，2005，27(8)：876－880.

[141]胡黎明，马杰，张丙印. 散粒体间接触面单剪试验及数值模拟[J]. 岩土力学，2008，29(09)：2319－2322.

[142]王伟，卢廷浩，宰金珉，等. 土与混凝土接触面反向剪切单剪试验[J]. 岩土力学，2009，30(5)：1303－1306.

[143]高俊合，于海学，赵维炳. 土与混凝土接触面特性的大型单剪试验研究及数值模拟[J]. 土木工程学报，2000，33(4)：42－46.

[144]袁运涛，施建勇. 土与结构界面位移特性静动力单剪试验研究[J]. 岩土力学，2011，32(6)：1707－1712.

[145]杨有莲，朱俊高，余挺，等. 土与结构接触面力学特性环剪试验研究[J]. 岩土力学，2009，30(11)：3256－3260.

[146]朱俊高，Shakir R R，杨有莲，等. 土－混凝土接触面特性环剪单剪试验比较研究[J]. 岩土力学，2011，32(3)：692－696.

[147]安少鹏，韦立德，刘文连，等. 昔格达组粉砂岩与结构接触面力学特性试验研究[J]. 工程地质学报，2013，21(05)：702－708.

[148]洪勇，孙涛，栾茂田，等. 土工环剪仪的开发及其应用研究现状[J]. 岩土力学，2009，30(03)：628－634.

[149]吴迪，简文彬，徐超. 残积土抗剪强度的环剪试验研究[J]. 岩土力学，2011，32(07)：2045－2050.

[150]王顺，项伟，崔德山，等. 不同环剪方式下滑带土参与强度试验研究[J]. 岩土力学，2012，33(10)：2967－2972.

[151]丁树云，毕庆涛，蔡正银，等. 环剪仪的试验方法研究[J]. 岩土工程学报，2013，35(S2)：197－201.

[152]王火明，赵文，刘科. 筋土界面摩擦特性拉拔试验研究现状与发展[J]. 公路交通技术，2007(S1)：33－36.

[153]王火明，翁梅泽，王秀. 拉拔试验研究的现状与发展[J]. 中国水运(学术版)，2006，06(12)：65－66.

[154]王俊林，张天航，戚晓鸽，等. 土工织物拉拔试验研究[J]. 人民黄河，2007，29(7)：61－62，64.

[155]唐朝生，施斌，高玮，等. 纤维加筋土中单根纤维的拉拔试验及临界加筋长度的确定[J]. 岩土力学，2009，30(8)：2225−2230.

[156]陆勇，周国庆，夏红春，等. 接触面力学特性中相对尺度效应的试验研究[J]. 中国矿业大学学报，2013，42(2)：169−176.

[157]刘汉龙，谭慧明，鹏劼，等. 大型桩基模型试验系统的开发[J]. 岩土工程学报，2009，31(03)：452−457.

[158]Wang J J, Zhang H P, Liu M W, et al. Compaction behaviour and particle crushing of a crushed sandstone particle mixture [J]. European Journal of Environmental and Civil Engineering，2014，18(5)：567−583.

[159]WangJ J, Zhang H P, Deng D P. Effects of compaction effort on compaction behavior and particle crushing of a crushed sandstone-mudstone particle mixture [J]. Soil Mechanics and Foundation Engineering，2014，51(2)：67−71.

[160]WangJ J, Yang Y, Zhang H P. Effects of Particle Size Distribution on Compaction Behavior and Particle Crushing of a Mudstone Particle Mixture [J]. Geotechnical and Geological Engineering，2014，32(4)：1159−1164.

[161]WangJ J, Liu M W, Zhang H P, et al. Effects of wetting on mechanical behavior and particle crushing of a mudstone particle mixture [C]. Proceedings of the 6th International Conference on Unsaturated Soils，UNSAT 2014，(1)：233−238.

[162]WangJ J, Zhang H P, Tang S C, et al. Effects of particle size distribution on shear strength of accumulation soil [J]. Journal of Geotechnical and Geoenvironmental Engineering，ASCE，2013，139(11)，1994−1997.

[163]WangJ J, Zhang H P, Deng D P, et al. Effects of mudstone particle content on compaction behavior and particle crushing of a crushed sandstone-mudstone particle mixture [J]. Engineering Geology，2013，(167)：1−5.

[164]王俊杰，邓文杰. 相对密实度对松散堆积土体强度变形特性的影响[J]. 重庆交通大学学报（自然科学版），2013，32(6)：1186−1189+1241.

[165]WangJ J, Liang Y, Zhang H P, et al. A loess landslide induced by excavation and rainfall [J]. Landslides，2014，11(1)：141−152.

[166]Clough G H, Duncan J M. Finite element analyses of retaining wall behavior [J]. Journal of Soil Mechanic and Foundation Division，ASCE，1997，(12)：1657−1673.

[167]Brandt J R T. Behavior of soil-concrete interfaces [R]. Canada：University of Alberta，1985.

[168]陈慧远. 摩擦接触单元及其分析方法[J]. 水利学报，1985，(4)：44−50.

[169]胡黎明，濮家骝. 土与结构物接触面损伤本构模型[J]. 岩土力学，2002，23(1)：6−11.

[170]杨林德，刘齐建. 土−结构物接触面统计损伤本构模型[J]. 地下空间与工程学报，2006，2(1)：79−82，86.

[171]杨俊杰. 相似理论与结构模型试验[M]. 北京：人民交通出版社，1999.

[172]吴宋仁，陈永宽. 港口及航道工程模型试验[M]. 北京：人民交通出版社，1993.

[173]李昌华，金德春. 河工模型试验[M]. 北京：人民交通出版社，1981.

[174]袁文忠. 相似理论与静力学模型试验[M]. 成都：西南交通大学出版社，1998.

[175]潘琦. 深水码头大直径钢护筒嵌岩桩承载性状模型试验研究[D]. 重庆：重庆交通大学，2013.

[176]中华人民共和国住房和城乡建设部. 砌筑砂浆配合比设计规程(JGJ 98−2010)[S]. 北京：中国建筑工业出版社，2010.

[177]中华人民共和国住房和城乡建设部. 普通混凝土配合比设计规程(JGJ 55−2011)[S]. 北京：中国建筑出版社，2011.

[178]中华人民共和国住房和城乡建设部. 混凝土结构试验方法标准(GB/T 50152−2012)[S]. 北京：中国建筑工业出版社，2012.

[179]中华人民共和国交通运输部. 港口工程桩基规范(JTJ 167−4−2012)[S] 北京：中国建筑工业出版社，2012.

[180]邱喜，尹崇清. 大直径嵌岩桩承载特性的试验研究[J]. 铁道建筑，2008，(11)：60−63.

[181]杨克己. 实用桩基工程[M]. 北京：人民交通出版社，2004.

[182]孙训方，方孝淑，关来泰. 材料力学[M]. 北京：高等教育出版社，2012.

[183]朱斌，孔令刚，郭杰锋，等. 高桩基础水平静载和撞击模型试验研究[J]. 岩土工程学报，2012，33(10)：1537−1546.

[184]茜平一，陈小平. 无粘性土中水平荷载桩的地基土极限水平反力研究[J]. 土木工程学报，1998，31(2)：30−38.

[185]史曼曼，王成，郑颖人. 嵌岩桩破坏模式有限元极限分析[J]. 地下空间与工程学报，2014，10(2)：340−346.

[186]汪承志，刘建国，石兴勇. 钢护筒与钢筋混凝土联合受力的内河大水位差架空直立式码头力学特性分析[J]. 水运工程，2012，6(6)：33−38.

[187]钟善桐. 钢管混凝土结构[M]. 北京：清华大学出版社，2003.

[188]Shakir K H. Resistance of concrete−filled steel tubes to pushout force [J]. Structural Engineering, 1993, 71(13)：234−243.

[189]Kappes L，Berry M，Stephens J，et al. Concrete Filled Steel Tube Piles to Concrete Pile-Cap Connections [J]. Structures Congress，2012：581−590.

[190]中华人民共和国交通部. 港口工程嵌岩桩设计与施工规程(JTJ285−2000)[S]. 北京：人民交通出版社，2001.

[191]赵明华. 桥梁桩基计算与检测[M]. 北京：人民交通出版社，1999.

[192]张忠苗，汤展飞，吴世明. 基于桩顶与桩端沉降的钻孔桩受力性状研究[J]. 岩土工程学报，1997，19(4)：88−93.

[193]史佩东. 实用桩基工程手册[M]. 北京：中国建筑工业出版社，1999.

[194]莫海鸿，杨小平. 基础工程[M]. 北京：中国建筑工业出版社，2003.

[195]周亮. 港口工程嵌岩桩使用性能试验与数值分析研究[D]. 重庆：重庆交通大学，2011.

[196]程斌. 桩侧摩阻力和桩端阻力相互作用研究[D]. 上海：同济大学，2009.

[197]柯学. 大直径灌注型嵌岩桩水平受荷特性分析[D]. 上海：上海交通大学，2006.

[198]兰超. 内河港口大直径嵌岩灌注桩横向承载性能研究[D]. 重庆：重庆交通学院，2005.

[199]韩理安. 水平承载桩的计算[M]. 长沙：中南大学出版社，2004.

[200]Hajjar J F，Gourley B C. Representation of Concrete-Filled Steel Tube Cross-Section Strength [J]. Journal of Structural Engineering，ASCE，1996，122(11)：1327−1336.

[201]杨敏，周洪波，朱碧堂. 长期重复荷载作用下土体与邻近桩基相互作用研究[J]. 岩土力学，2007，28(6)：1083−1090.

[202]李国银. 长沙盆地白垩纪软岩强度特征及其地质环境分析[D]. 长沙：中南大学，2006.

[203]江学良，曹平，付军. 大直径嵌岩灌注桩水平荷载试验研究[J]. 公路，2006(12)：18−23.

[204]李国强. 一级注册结构工程师基础考试复习教程(第7版)[M]. 北京：中国建筑工业出版社，2011.

[205]马伟. 钢−土界面特性及钢护筒嵌岩桩承载性状研究[D]. 重庆：重庆交通大学，2013.

[206]中华人民共和国建设部. 普通混凝土力学性能试验方法标准(GB/T 50081−2002)[S]. 北京：中国建筑工业出版社，2003.

[207]中华人民共和国建设部. 建筑砂浆基本性能试验方法(JTG 70−2009)[S]. 北京：中国建筑工业出版社，2009.

[208]中华人民共和国交通运输部. 港口工程荷载规范(JTS 144−1−2010)[S]. 北京：人民交通出版社，2010.

[209]中华人民共和国建设部. 建筑基桩检测技术规范(JGJ 106−2003)[S]. 北京：中国建筑工业出版社，2003.

[210]中华人民共和国国家质量监督检验检疫总局. 碳素结构钢(GB/T 700−2006)[S]. 北京：中国标准出版社，2006.

[211]中华人民共和国国家发展和改革委员会. 混凝土小型空心砌块和混凝土砖砌筑砂浆(JC 860−2008)[S]. 北京：中国建材出版社，2008.

[212]《桩基工程手册》编写委员会. 桩基工程手册[M]. 北京：中国建筑工业出版社，1995.

[213]劳伟康. 大直径柔性嵌岩桩水平承载力试验与计算方法研究[D]. 武汉：武汉大学，2005.

[214]Brown D A，Morrison C，Reese L C. Lateral load behavior of pile group in sand [J]. Journal of the Geotechnical Engineering，1988，114(11)：1261−1276.

[215]何永新. 水平荷载作用下独立桩P−Y曲线试验研究[D]. 天津：天津大学，2008.

[216]凡建伟. 柔性大直径水平受荷桩承载特性及计算方法研究[D]. 重庆：重庆交通大学，2009.

[217]尹文. 码头钢护筒嵌岩群桩基础承载性状研究[D]. 重庆：重庆交通大学，2014.

[218]柴红涛，文松霖. 水平竖直组合荷载作用下桩基承载特性的离心模型试验研究[J]. 长江科学院院报，2013，30(12)：87−90，96.

[219]鲁嘉，喻军，陈金祥. 砂土中成桩工艺对桩基承载性能影响的室内模型试验研究[J]. 岩石力学与工程学报，2012(5)：1055−1063.

[220]肖拥军，刘新华，杨荣丰. 砂土地基桩基基础承载性状试验研究[J]. 湖南科技大学学报(自然科学版)，2004，19(2)：60—63.

[221]沈芯文. 负摩阻力作用下单桩的承载性状分析[J]. 路基工程，2008，(6)：36—38.

[222]张磊，龚晓楠，俞建霖. 大变形条件下单桩水平承载性状分析[J]. 土木建筑与环境，2013，(2)：61—65.

[223]聂如松，冷伍明. 负摩阻力作用下的单桩竖向承载性状[J]. 中南大学学报(自然科学版)，2013，44(4)：1539—1544.

[224]梁发云，于峰，李镜培，等. 土体水平位移对邻近既有桩基承载性状影响分析[J]. 岩土力学，2010，31(2)：449—454.

[225]曾友金，章为民，王年香. 桩基模型试验研究现状[J]. 岩土力学，2003，(24)：674—680.

[226]廖雄华. 桩-土相互作用数值方法的研究及其在高桩码头安全性分析中的应用[D]. 哈尔滨：哈尔滨工业大学，2000.

[227]谢雄耀，黄宏伟. 深水港码头高承台桩土共同作用数值模拟分析[J]. 岩土工程学报，2006，(05)：715—722.

[228]张建新，吴东云，杜海金. 嵌岩桩承载性状和破坏模式的试验研究[J]. 岩石力学与工程学报，2004，23(2)：320—323.

[229]MatlockH，Reese L C. Generalized solutions for laterally loaded piles [J]. Journal of the Soil Mechanics and Foundation division，ASCE，1960：20—28.

[230]Mcclelland B，Focht J A. Soil modulus for laterally loaded piles [J]. Transactions of the American Society of Civil Engineers，1958，123(1)：1049—1063.

[231]郝芹. 梁板式高桩码头三维数值计算分析[J]. 水运工程，2008，(11)：112—115.

[232]黄建勇，王多垠. 内河架空直立式集装箱码头结构计算模型探讨[J]. 水道港口，2008，29(1)：59—62.

[233]刘明维，杨浩，江德飞，等. 框架墩式码头结构受力性能有限元分析[J]. 水运工程，2010，(9)：51—56.

[234]丁德斌. 内河架空直立式码头结构特性模拟分析[D]. 重庆：重庆交通大学，2006.

[235]陈玲. 考虑钢护筒效应变截面桩竖向承载力研究[D]. 南京：东南大学，2008.

[236]唐勇. 钢护筒对超长钻孔灌注桩承载性能的影响[J]. 工程勘察，2012，40(7)：28—31.

[237]Yan X，Zhong X，Zhang J H，et al. Seismic Behavior of CFT Column and Steel Pile Footings [J]. Journal of bridge engineering，2011，(16)：575—586.

[238]康国政，阚前华，张娟，等. 大型有限元程序的原理、结构与使用[M]. 成都：西南交通大学出版社，2004.

彩 色 图 版

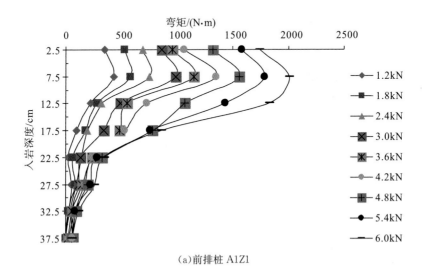

（a）前排桩 A1Z1

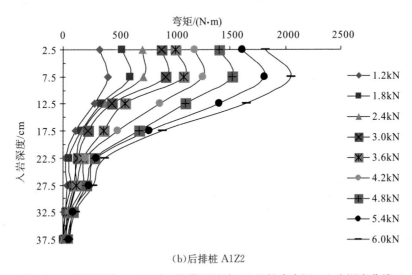

（b）后排桩 A1Z2

图 6.17　桩间距为 1.5D 时双桩模型试验 A1 组桩身弯矩－入岩深度曲线

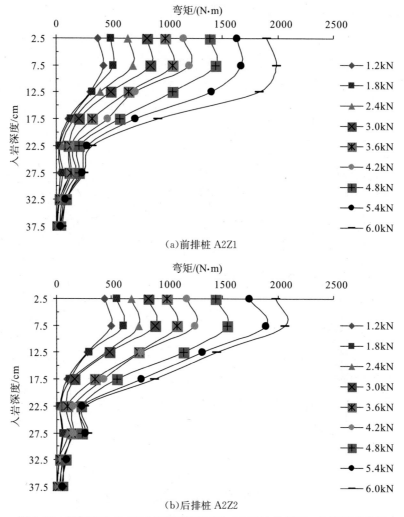

（a）前排桩 A2Z1

（b）后排桩 A2Z2

图 6.18　桩间距为 2.5D 时双桩模型试验 A2 组桩身弯矩－入岩深度曲线

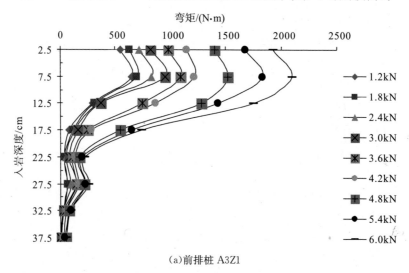

（a）前排桩 A3Z1

图 6.19　桩间距为 3.5D 时双桩模型试验 A3 组桩身弯矩－入岩深度曲线

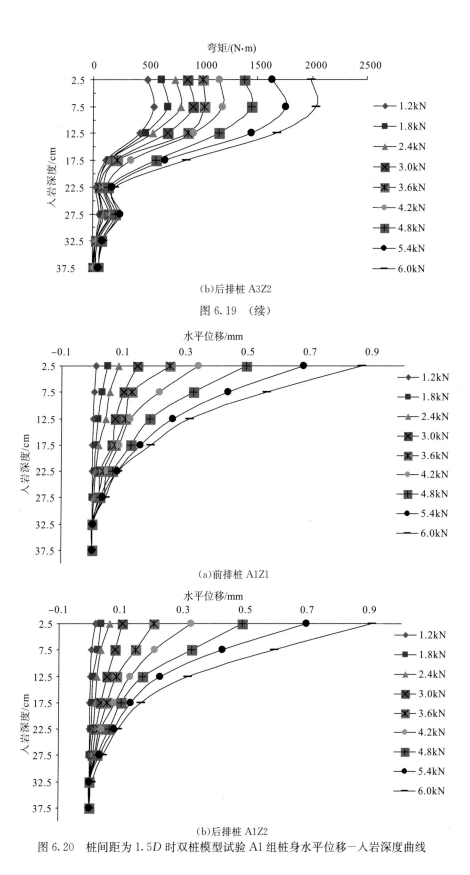

(b)后排桩 A3Z2

图 6.19 （续）

(a)前排桩 A1Z1

(b)后排桩 A1Z2

图 6.20 桩间距为 1.5D 时双桩模型试验 A1 组桩身水平位移－入岩深度曲线

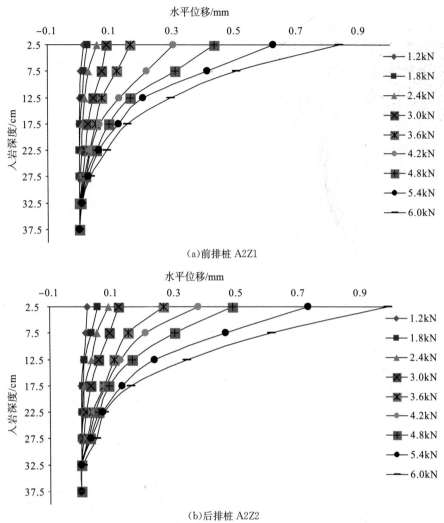

（a）前排桩 A2Z1

（b）后排桩 A2Z2

图 6.21　桩间距为 2.5D 时双桩模型试验 A2 组桩身水平位移－入岩深度曲线

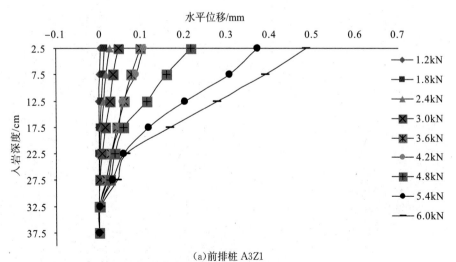

（a）前排桩 A3Z1

图 6.22　桩间距为 3.5D 时双桩模型试验 A3 组桩身水平位移－入岩深度曲线

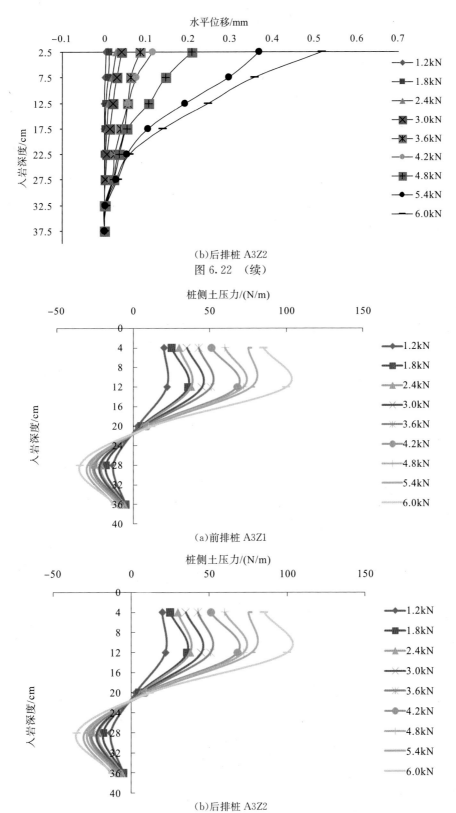

（b）后排桩 A3Z2

图 6.22 （续）

（a）前排桩 A3Z1

（b）后排桩 A3Z2

图 6.23 桩间距为 3.5D 时双桩模型试验 A3 组的桩侧土压力与桩身入岩深度的关系曲线

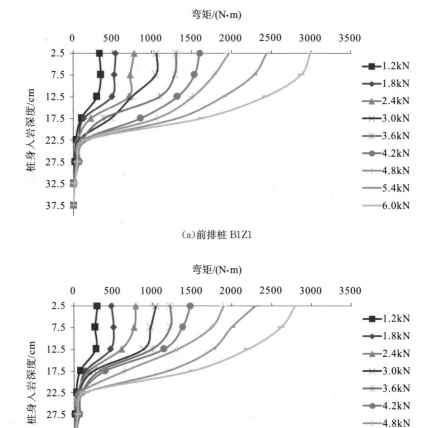

(a)前排桩 B1Z1

(b)后排桩 B1Z2

图 6.37 桩间距为 1.5D 时双桩模型试验 B1 组桩身弯矩－入岩深度曲线

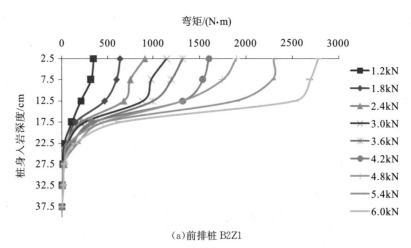

(a)前排桩 B2Z1

图 6.38 桩间距为 2.5D 时双桩模型试验 B2 组桩身弯矩－入岩深度曲线

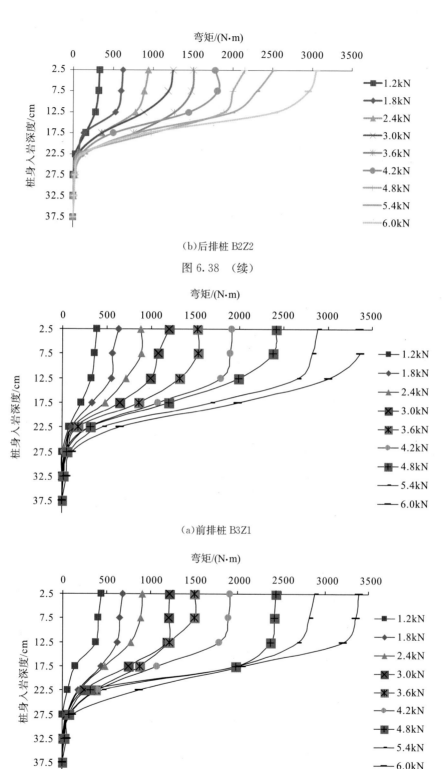

（b）后排桩 B2Z2

图 6.38 （续）

（a）前排桩 B3Z1

（b）后排桩 B3Z2

图 6.39 桩间距为 3.5D 时双桩模型试验 B3 组桩身弯矩－入岩深度曲线

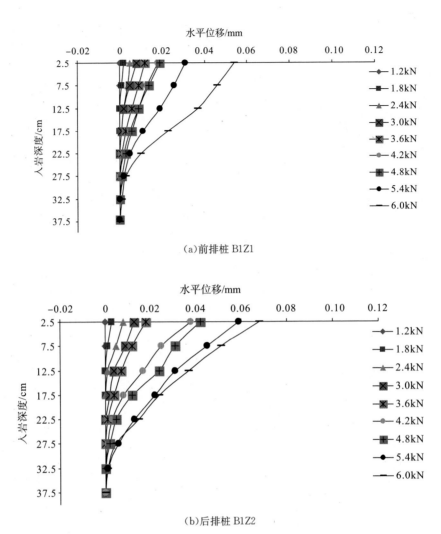

（a）前排桩 B1Z1

（b）后排桩 B1Z2

图 6.40　桩间距为 1.5D 时双桩模型试验 B1 组桩身水平位移－入岩深度曲线

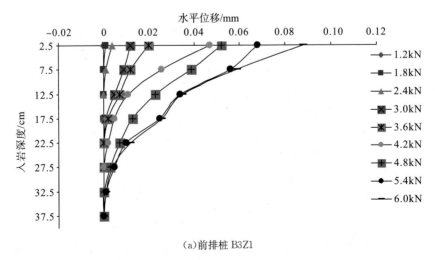

（a）前排桩 B3Z1

图 6.42　桩间距为 3.5D 时双桩模型试验 B3 组桩身水平位移－入岩深度曲线

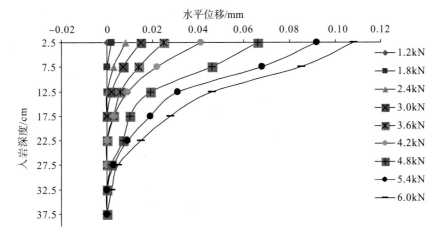

（b）后排桩 B3Z2

图 6.42 （续）

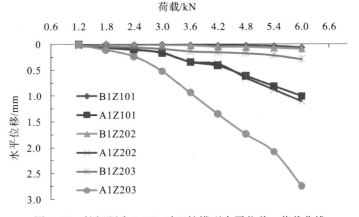

图 6.47 桩间距为 1.5D 时双桩模型水平位移－荷载曲线

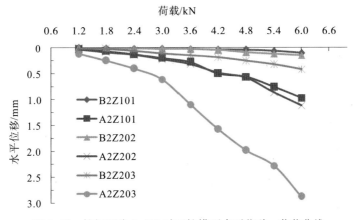

图 6.48 桩间距为 2.5D 时双桩模型水平位移－荷载曲线

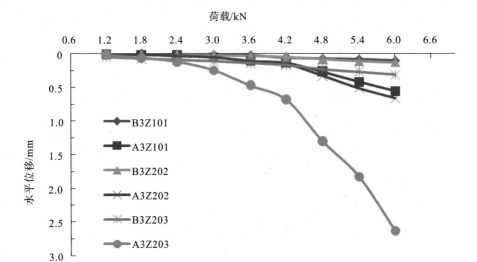

图 6.49 桩间距为 3.5D 时双桩模型水平位移－荷载曲线

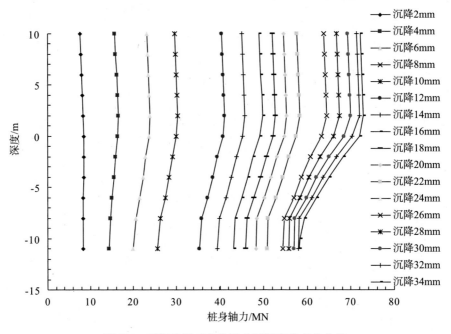

图 7.9 无钢护筒时桩身轴力随深度的变化曲线

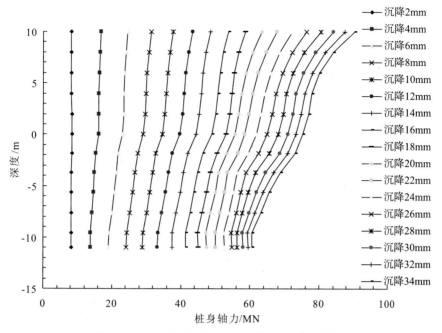

图 7.10　有钢护筒时桩身轴力随深度的变化曲线

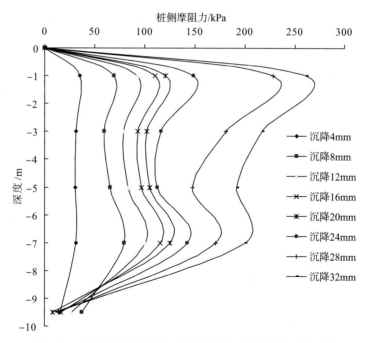

图 7.11　无钢护筒时混凝土桩身侧摩阻力随深度的变化曲线

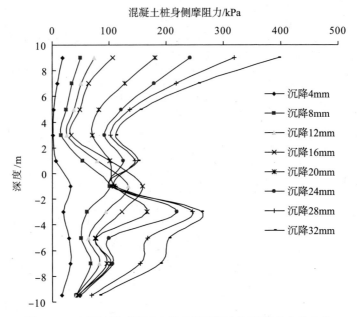

图 7.12　有钢护筒时混凝土桩身侧摩阻力随深度的变化曲线